믿음 주는 부모
자존감 높은
아이

성공한 CEO가 말하는 **미친 자존감의 힘**

믿음 주는 부모
자존감 높은
아이

현승원 지음

시크릿하우스

부모의 관점이 달라져야
아이의 성공이
시작됩니다

"한 아이를 키우려면 온 마을이 필요하다."

– 아프리카 속담

"혹시 자녀가 받은 돌 반지나 친척이 준 아이 용돈, 한 푼도 안 건드리고 모아놓은 분 계십니까?"

부모님들을 대상으로 자녀교육 강연을 할 때면 제가 항상 꺼내는 질문입니다. 다들 예상하다시피, 손을 드는 부모님은 찾아보기 힘듭니다. 쓸데없이 그런 것은 왜 물어보느냐는 표정으로 멋쩍게 웃는 분이 대부분이죠. 그때 저는 충격 요법을 씁니다.

"여러분은 그동안 자녀의 돈을 도둑질하고 계셨던 겁니다."

순간, 별생각 없이 웃고 있던 부모님들의 얼굴이 딱딱하게 굳어집니다. 졸지에 아이들 코 묻은 돈이나 훔치는 도둑이 됐으니까요. 자녀교육 강연에서 웬 돈타령이냐는 차가운 눈빛도 날아듭니다. 충격 요법이 효과를 발휘하는 거죠. 산만하던 부모님들의 눈길이 제 얼굴에 집중되는 것이 느껴집니다.

그때부터 저는 부모와 자녀 간의 신뢰가 어떤 기적을 낳을수 있는지 이야기합니다. 무조건 성적만 올리길 바라기 전에 아이에게 믿음을 주는 부모가 되어야 한다고 강조합니다. 부모님들이 놓치고 계신 아이들의 진정한 가능성과 가치에 대해 이야기합니다. 아이가 스스로 행복해지기 위해 부모로서 어떤 노력을 해야 하는지 말씀드립니다.

한 시간이 지나 강연이 끝나면, 부모님들이 좋은 이야기들었다며 인사를 건넵니다. 하지만 집으로 돌아가는 그분들의 뒷모습을 바라보고 있자면 마음이 씁쓸해집니다. 학교나 학원에서 돌아온 아이를 맞이하면서 아이가 부담을 가질까 봐 말은 못 하지만, 부모님들의 기대는 늘 성적에 맞춰져 있기 때문입니다.

그 탓에 올해도 대한민국은 1년 내내 입시 시즌입니다. 그 덕에 저 존쌤도 잘 먹고 잘 살고 있습니다. 제가 대표 강사로 있는 쓰리제이에듀와 쓰리제이엠도 연일 대박 행진을 이어가고 있고요. 모두가 성적에 올인하는 학부모님들 덕분입니다. 그래서 고마움에 감사의 편지라도 한 통 써야 하나 고민하다가 용기를 내어 책을 한 권 썼습니다.

쓰리제이에듀 존쌤을 알고 계신 분이라면 '올해 대입에 새로운 정보라도 나왔나?' 하고 책을 폈을 텐데, 죄송합니다. 이 책은 대입 준비에 바쁜 부모님들을 위한 맞춤 입시 정보를 다루고 있지 않습니다(고급 정보를 원하시는 분은 쓰리제이에듀 입시 설명회에 참석하시기 바랍니다). 제가 15년 동안 아이들을 가르치면서 '부모님들과 이것만큼은 꼭 이야기해보고 싶다' 했던 주제들을 다루고 있습니다. 바로 '아이를 진짜로 성공시키는 자녀교육법'입니다.

왜 전공 분야가 아닌 곳에서 판을 깔았느냐고요? 오랜 시

간 학생, 학부모님들과 지지고 볶으면서 진짜 중요한 것은
국어, 영어, 수학, 사회탐구, 과학탐구가 아니라는 것을 절실
히 느꼈기 때문입니다. 지금까지 수십만 명의 제자들과 함께
했지만, 좋은 성적에도 불구하고 본인의 정체성을 찾지 못해
행복하게 살지 못하는 아이들을 무수히 봤습니다. 그때마다
제가 뼈저리게 느낀 것은 어릴 적 부모의 역할이 정말 중요
하다는 것이었습니다.

 이 부분에 도움을 드리고자 일곱 개의 주제를 선택해 대
화를 나누는 형식으로 책을 꾸며보았습니다.

 1강은 '자존감'에 관한 이야기입니다. 자기 자신을 사랑하
고 존중하는 자존감이 아이의 성장에 얼마나 중요한지 알아
보는 시간이죠. 성적이 떨어지는 학생일수록 꼭 필요한 것이
자신을 존중하는 마음입니다. 부모님들의 관심 어린 눈길과
칭찬이 어떻게 아이의 자존감을 높여주는지 다양한 사례를
통해 이야기합니다.

 2강은 '경제관념'에 관해 이야기하는데 자녀교육서에서는

잘 다루지 않는 주제입니다. 그만큼 부모님들이 소홀히 하는 부분인데요, 저는 오히려 가장 중요시해야 하는 교육이라고 생각합니다. '돈을 모으면 부자가 될 수 있다'는 생각을 아이에게 심어주는 것이 아이의 미래에 얼마나 중요한 일인지 깨닫게 될 겁니다.

3강에서 다루는 것은 '정직'입니다. '정직하면 손해 본다', '요즘 같은 세상은 영악해야 살아남을 수 있다' 같은 얘기를 흔히 하죠. 하지만 이 생각이 얼마나 잘못된 것인지, 아이들에게 정직하라고 가르치는 것이 얼마나 중요한지 이야기해보고 싶었습니다.

4강은 '꿈'과 '비전'에 관한 이야기입니다. 꿈이 없는 아이, 꿈을 잘못 꾸고 있는 아이들의 다양한 사례를 통해 부모님들이 아이와 함께 어떻게 꿈을 찾아가야 하는지 이야기합니다.

5강은 '독서'입니다. 요즘 아이들은 모든 것을 스마트폰으로 접합니다. 어디서든 쉽게 원하는 정보를 얻을 수 있지만,

책이 주는 깊이는 경험하기 어렵습니다. 모든 과목의 뿌리가 되는 독서 습관의 중요성에 대해 간략하게 짚어보았습니다.

6강에서는 '겸손'을 다룹니다. 왜 성공할수록 겸손한 품성이 더 중요해지는지 제가 경험하고 느낀 바를 토대로 이야기해보았습니다. 아무리 공부 잘하고 재능이 뛰어나 성공했더라도 겸손하지 못하면 결국 뿌리 없는 나무가 되고 맙니다. 아이의 행복을 위해 어떻게 겸손을 가르쳐야 할지 함께 생각해보고 싶습니다.

7강에서는 '나눔'에 대한 편견들에 대해 함께 생각해보고자 합니다. 진짜 부자, 제대로 된 부자, 행복한 부자가 되기 위해서는 쌓는 것도 중요하지만 나누는 게 더 중요하다는 점을 이야기하고 싶었습니다.

일곱 개의 주제만 보고도 짐작하시겠지만, 이 책은 부모님이 아이를 기르며 마음에 꼭 새겨야 할 철학에 집중하고 있습니다. 사실 이 일곱 개 주제의 원저작자는 제가 아니라 저희 부모님입니다. 학교 성적은 낮아도 자존감 높은 아이로 키워주신, 제가 받은 돈은 한 푼도 쓰지 않고 모아주신, 당장은 손해를 보는 것 같더라도 정직하게 행동하면 결국에는 더 큰 이익으로 돌아온다는 것을 가르쳐주신, 손안에 쥔 것을 나눠야 진짜 행복의 기쁨을 알게 된다는 것을 당신들의 삶으로 보여주신 제 부모님의 가르침을 그대로 옮겨 적은 것이나 마찬가지거든요. 그렇기에 이 책은 제가 부모님께 바치는 찬가이기도 합니다. 이 자리를 빌려 미욱한 자식을 올바른 성인으로 키우기 위해 희생해주신 부모님께 감사의 인사를 전하고 싶습니다.

오늘도 저는 부모님께 배운 대로 아이들을 키우고자 노력하고 있습니다. 그런데 사실 쉽지만은 않습니다. 한 아이를 키우려면 온 마을이 필요하다는 아프리카 속담처럼 매일매일이 도전과 위기의 연속입니다. 그러나 힘이 들수록 아이들이 멋진 성인으로 자랐을 때의 모습을 상상하며 다시 한번 힘을 냅니다.

이 책을 손에 든 당신도 그러하리라 생각합니다. 이 땅의
모든 부모님이 아이의 행복을 위해 뛰는 길에 이 책이 작으
나마 응원이 되고 소박한 이정표가 되면 좋겠습니다.

현승원

5강

독서
왜 어렸을 때 책을 읽지 않았을까!

6강

겸손
배려하는 겸손한 아이로 키워라

7강 나눔

나눔의 행복을 유산으로 물려주라

자존감

내 아이를 위한
미친 자존감

저는 2005년부터 영어를 가르치기 시작해 지금까지 15년 동안 강의를 쉬어본 적이 없습니다. 자랑 같아 뭐하지만, 중·고등학생들 사이에서 상당히 인기가 있는 강사입니다. 영어 공부에 관심이 없는 학생들도 '존쌤'이 누구인지는 다들 안다고 합니다.

저는 그 15년 동안 학생들만 만난 것이 아니라 수천 명의 부모님도 만났습니다. 과외 선생님이나 학원 강사로서 현장을 뛸 때는 부모님과 일대일 상담을 수없이 진행했고, 요즘은 ㈜디쉐어를 운영하면서 수백 명의 부모님을 한자리에 모시고 입시나 교육 관련 강연을 하고 있습니다. 아는 만큼 보이고, 보이는 만큼 실천할 수 있다고 하지 않습니까? 자녀교육을 제대로 하려면 부모님들에게도 많은 정보가 필요하다는 것이 제 생각입니다.

　부모님들을 만나면서 여러 가지를 절실히 느꼈습니다. 특히 '아이의
자존감'이라는 점을 깊이 생각하게 됐는데요, 이번 시간에 이야기하고
싶은 주제가 바로 이것입니다.

Self-esteem

믿음을 주는
부모

○

　　　　　　　　학생들에게 강연을 할 때마다 제가 항상 강조하는 게 있습니다.

"여러분, 성적이 낮을수록 오히려 자신감을 가져야 합니다. 현재의 성적을 보고 한숨 짓지 말고, 앞으로 성취할 성적을 상상하며 자존감을 높여야 합니다."

제가 자신감을 가져야 한다, 자존감을 높여야 한다고 말하면 어깨가 축 처져 있던 아이들이 고개를 들어 저를 뚫어지라 바라봅니다.

"여러분 스스로 자신을 사랑하는 마음이 없는 상태에서는 어떤 기적도 일어나지 않습니다. 뒤처진 성적을 올릴 수 있다고 스스로 확신하지 못한다면, 실제로 성적을 올리기 힘듭니다. 성적을 올릴 수 있다는 믿음부터 가져야 합니다."

정말 그럴까 싶기는 하겠지만 이 말이 아이들에게 희망을 심어준다는 것만은 확실합니다. 칠판 앞에서 보면 아이들 표정부터 바뀌는 게 확연히 느껴집니다.

믿음을 가지면 실제로 성적을 올릴 수 있다는 제 말은 결코 사탕발림이 아닙니다. 오랜 시간 현장을 뛰면서 수없이 경험한 팩트입니다.

아무리 열심히 해도 공부한 만큼 성적이 오르지 않는 친구들이 정말 많습니다. 공부 방법이 잘못됐기 때문일까요? 아닙니다. 자신이 없기 때문이에요. 스스로 확신하지 못하는 공부는 절대 성적 향상으로 이어지지 않습니다. 하다못해 알쏭달쏭한 문제 앞에서 답을 고를 때도 자신감 있는 태도가 중요합니다.

부모님의 학창 시절을 한번 떠올려보세요.

'이런! 처음 생각했던 게 맞았는데, 괜히 바꿔서 틀렸잖아!'

이런 경험 한두 번쯤은 해보시지 않았나요? 심지어 모르는 문제를 찍을 때도 자신감이 있는 것과 우물쭈물하는 것은 결과물이 다릅니다.

제가 학생들에게 강조한 그 말은 부모님들께도 들려주고 싶은 이야기입니다. 우리 아이가 성적을 올릴 수 있다는 사실을 의심하면 절대 안 됩니다. 자녀를 믿어주는 부모와 믿지 않는 부모가 있다면, 둘 중 어떤 아이가 더 노력하게 될까요? 당연히 전자겠지요. 누군가의 기대를 받으면 거기에 부응하겠다고 생각하는 것이 인지상정이니까요. 더욱이 부모와 자식의 관계는 특히 더 끈끈하기에 그 기대에 무심하기란 아주 힘든 일입니다.

일단 금쪽같은 내 새끼부터 믿어야 합니다. '존귀하고 귀한 내 자식'이라는 지극히 평범한 사실부터 가슴에 새겨야 합니다. 무심코 상처가 되는 말을 하거나 아이의 단점을 찾을 게 아니라 사랑한다고 말해주고 칭찬할 거리를 찾아야 합니다. 그러면 기가 죽었던 아이의 어깨에 힘이 들어갑니다. 부모가 나를 믿어준다는 생각에 자신감이 샘솟아 공부에도 흥미가 생기게 됩니다. 30분 공부에도 지쳐 나가떨어지던 아이가 칭찬받을 생각에 1시간을 공부하게 됩니다. 자신감, 나아가 자존감이 만들어주는 놀라운 기적입니다.

그렇기에 부모님들께 저는 가장 먼저 이렇게 강조합니다.

"성적이 나쁠수록 더 칭찬이 필요합니다. 아이의 자존감부터 높여야 해요."

"

스스로 확신하지 못하는 공부는 절대 성적 향상으로 이어지지 않습니다. 하다못해 알쏭달쏭한 문제 앞에서 답을 고를 때도 자신감 있는 태도가 중요합니다.

"

사랑받는다고 느낄 때
자존감도 높아진다

○

"사업에 성공한 비결 중에서 딱 하나만 꼽으라면 무엇입니까?"

2011년 시작한 디쉐어가 가파른 성장세를 기록하다 보니 성공 비결을 궁금해하는 질문을 자주 받습니다. 그때마다 저는 주저 없이 대답합니다.

"제가 잘난 게 아니라 부모님께서 저를 잘 가르쳐주신 덕입니다."

예의상 하는 말이 아니라 정말 그렇습니다. 제 성공의 8할은 부모님의 교육 덕입니다. 부모님이 가르쳐주신 것 중에서 가장 중요한 덕목이 '자존감'이었습니다.

저는 정말 자존감 하나만큼은 누구 못지않다고 자부합니다. 어떤 어려운 자리든, 누굴 만나든 기죽지 않고 당당하게 이야기합니다. 사업을 하는 동안 여러 번 위기가 찾아왔지만 저는 절대 좌절하지 않았습니다. 모두 제 무한한 자존감 덕분이죠.

영어 강사로 유명세를 얻고 사업까지 잘되니 자존감이 높을 수밖에 없는 것 아니냐고요? 절대 그렇지 않습니다. 인기 강사가 되기 전에도, 사업이 성공하기 전에도 저는 자존감이 높았거든요.

저는 학창 시절에 공부를 잘한 적이 없습니다. 외모가 훌륭한 것도 아니고, 예체능에도 소질이 없어 운동이나 음악으로 주목받지도 못했습니다. 보통의 시선으로는 사랑받고 칭찬받을 일이 별로 없는 아이였죠. 그런데도 저는 어렸을 때부터 유달리 자존감이 높았는데, 거기에는 그럴만한 이유가 있었습니다. 태어나는 순간부터 칭찬이란 칭찬은 배가 터질 만큼 듣고 자랐기 때문입니다.

1981년 스물여섯 살에 결혼한 어머니께서는 아기집이 약해 결혼 첫해부터 유산을 했습니다. 그 후 5년간 아이가 없었습니다. 그때 덜컥 제가 들어선 겁니다. 그 일이 마냥 축복인 것만은 아니었다는데요. 또다시 유산하게 될지 모른다는 두려움이 있었으니까요. 실제로도 어머니는 하혈을 하는 등 여러 차례 위험한 고비를 넘기셨습니다. 게다가 당시는 지금처럼 태아에 대한 정밀하고 다양한 검사를 할 수 있는 기술이 없어서 심장이 제대로 뛰고 있는지 정도만 확인할 수 있었습니다. 의사 선생님이 아이가 비정상일 가능성도 있다고 하셔서 부모님은 임신 기간 내내 불안에 떨었다고 합니다. 하루하루가 축복과 불안의 연속이었던 겁니다. 그렇게 힘들게 태어난 덕에 저는 태어나자마자 주변에서만큼은 연예인 부럽지 않을 정도로 귀한 대접을 받으며 자랐습니다.

이처럼 많은 분께 사랑을 받다 보니 자존감이 절로 높아졌습니다. 잘난 것 하나 없는데도 '귀한 자식'이라는 말을 하도 들으니 정말 저 자신이 무척 귀하고 소중한 사람이라는 생각이 머릿속에 단단히 자리 잡은 거죠. 이런 점에서는 세뇌가 꼭 나쁜 것만은 아닌 것 같습니다.

저희 부모님은 또 어떠셨겠어요? 거의 포기했던 아이를 품에 안았으니, 어떻게든 귀하게 키우려고 노력하셨습니다. 제가 공부를 못했어도 건강하게 자라주는 것만으로도 감사한 일이라고 생각하셨습니다. 그렇게 아주 작은 일에도 감사해하며 저를 키우셨어요. 대신, 그만큼 귀하기에 거짓말을 하거나 나쁜 짓을 하면 혼도 많이 내셨습니다. 하지만 부모님이 진심으로 사랑하신다는 것을 알기에 저는 혼이 나도 부모님을 원망한 적이 없습니다.

"내가 사랑받고 있구나!"라고 느낄 때 아이의 자존감은 한없이 높아집니다. 그러면 공부를 못해도 기죽을 일이 없습니다. 제 부모님은 학교 성적이나 공부 때문에 저에게 뭐라고 하신 적이 없습니다. 자존감이 무너지지 않기에 현실이 힘들고 어려워도 다시 일어설 힘을 낼 수 있습니다. 내가 귀한 사람이라는, 스스로 자신을 아껴야 한다는 생각이 들기에 나쁜 짓의 유혹에 귀가 솔깃한 순간들이 찾아와도 휩쓸리지 않습니다.

저 역시 학교 성적이 낮아도, 스스로 생각하기에 잘난 점이 없어 우울해질 때도 "너는 하나님이 선택하신 왕 같은 사람이야"라는 말을 무조건 믿었습니다. 중학교에 올라가 학업 성적으로 스트레스를 받기 시작할 때부터는 매일 아침 거울을 보고 "나는 하나님의 존귀한 자녀다"라고 자신을 다독였습니다. 놀랍게도 그 작은 행동이 있는 그대로의 저 자신을 받아들이게 해주었습니다.

그래서 저는 학생들에게 말합니다. 매일 거울 속 자신을 보라고. 그리고 스스로 자신은 존귀한 존재이며, 잘할 수 있다고, 격려하고 칭찬하라고 합니다. 자존감이란 먼저 자신을 사랑할 줄 아는 것이니까요. 부모님의 사랑을 받았다면 그리고 그 사랑을 느꼈다면, 이제 자기 자신에게 사랑을 듬뿍 주어야 합니다. 그래야 자존감이 높아집니다.

부모는 아이에게 '세상에서 가장 소중하고 귀한 존재'라는 메시지를 항상 전해줘야 합니다. 아이의 자존감을 높여야 합니다. 아이의 성적이나 행복이라는 나뭇가지는 자존감이라는 뿌리가 탄탄할 때 무한히 자랄 수 있습니다. 아이의 성공과 행복은 자존감에서 시작됩니다.

"

조금은 비뚤배뚤한 면을 가지고 있더라도, 깎아내고 채워 넣어서

둥글게 만들려고 욕심 부릴 게`아니라 있는 그대로 바라봐줄 순

없을까요?

"

칭찬하면
아이 버릇만 나빠진다?
○

아이를 칭찬해 자존감을 높여야 한다고 강조할 때면, 늘 이런 반론을 듣습니다.

"버릇이 없어지지 않을까요?"

그러면 저는 이렇게 반문합니다.

"버릇없이 콧대 좀 높아지면 어떻습니까? 예의 바른 대신 콧대가 낮은 것보다는 훨씬 보기 좋지 않은가요?"

부모님들 걱정을 왜 모르겠습니까. 나는 내 자식 흉을 봐도 남이 내 자식 욕하는 것은 싫은 게 부모 마음이니까요. 그러니 내 아이가 어디 가서 버릇없는 행동거지로 욕 얻어먹을까 봐 걱정하시는 게 당연하겠지요.

부모님들은 자녀가 많은 친구와 좋은 관계를 유지하기를 바랍니다. 우리 사회가 조화와 화목을 중시하기 때문에 아이가 두루두루 원만하게 지내기를 바라시죠. 아이가 두루두루 잘 해내기를 바라는 것은 인간관계만이 아닙니다. 이것도 잘하고 저것도 잘하기를 기대합니다. 교우관계도, 공부도, 음악도, 글쓰기도, 운동도 다 잘하기를 바라는 겁니다.

"남들보다 하나만 잘하면 되지."

"요즘 같은 시대에는 잘하는 것 하나만 있으면 성공할 수 있어."

겉으로야 쿨하게 말하지만, 어디 속마음까지 그렇습니까? 그래도 하나보다는 둘을 잘했으면 좋겠고, 둘보다는 세 가지가 뛰어났으면 하죠. 마법의 지팡이를 가지고 있다면 더더욱 좋고요.

그런 부모 마음이 나쁘다는 것은 절대 아닙니다. 하지만 아이가 못하는 게 있더라도 아이 자체로 인정해주면 안 될까요? 조금은 비뚤배뚤한 면을 가지고 있더라도, 깎아내고 채워 넣어서 둥글게 만들려고 욕심 부릴 게 아니라 있는 그대로 바라봐줄 순 없을까요? 부모가 바라는 수준에 미치지 못하는 아이라도 인정하고 사랑해줄 수는 없는 걸까요?

제 이야기를 해보겠습니다. 학창 시절 공부 못하는 학생이었다고 앞서 말씀드렸죠. 그렇다고 교우관계가 좋았던 것도 아닙니다. 돌이켜보면 몇몇 친한 아이들과만 어울렸을 뿐 대다수 아이들과는 사이가 썩 좋지 못했습니다. 워낙 자존감이 높다 보니 친구들 눈에는 잘난 척 으스대는 모습으로 비친 듯합니다. 공부를 잘해도 잘난 척하면 재수 없다 소리 듣기 딱인데, 공부도 못하고 잘난 것 하나 없는 애가 항상 실실대니 어떻게 보였겠습니까?

'쟤는 도대체 뭐야? 재수 없게 왜 늘 웃고 다녀?'

쓸데없이 오해도 정말 많이 샀습니다. 웃으면 안 되는 상황인데 웃다가 자기를 비웃는 거냐는 오해도 많이 받았고, 힘센 친구들에게 맞기도 했습니다. '분위기 파악 못 하는 놈'이라는 소리도 참 많이 들었죠.

그래서 저 역시 종종 혼란스러웠습니다.

'내 생각에 나는 최고인데, 우리 부모님은 내가 최고라는데, 왜 학교에서는 선생님도 친구들도 나를 인정해주지 않는 걸까? 공부를 못하면 무시하는 게 당연한 걸까?'

절대 다른 아이들을 무시하지 않았고 잘난 척하는 것도 아닌데, 왜 저를 오해하는지 짜증도 났죠. 그래서 친구들이 원하는 모습으로, 세상이 원하는 잣대에 맞춰 내가 바뀌어야 하나 싶기도 했습니다.

하지만 결국 저는 제 성격, 제 모습을 바꾸지 않았습니다. 바꾸려고 노력하지도 않았습니다. 내 몸에 맞지 않는 옷을 입으려고 애쓰지 않았습니다. 이렇게 용기를 낼 수 있었던 가장 큰 힘은 부모님의 믿음에서 나왔습니다.

'부모님이 나를 믿어주시잖아! 그리고 나는 하나님의 존귀한 자녀잖아!'

공부를 잘하지는 못해도, 운동에 뛰어난 재능은 없어도, 친구들과 잘 어울리지 못해도 저는 제가 절대 뒤떨어지는 존재가 아니라고 믿었습니다. 오히려 지금은 찾지 못했지만 분명 내 안에는 누구보다 뛰어난 잠재력이 있을 거라고 믿었습니다. 게다가 주변 모두가 저를 좋아해 주시니, '나는 존귀한 존재'라는 반복 학습까지 충실히 한 셈입니다. 이러니 어떻게 제가 틀렸다고, 세상에 맞춰야 한다고 생각할 수 있었겠습니까!

신기하게도, 학교생활에서는 예기치 않은 피해를 부르기도 하던 제 높은 자존감이 나이가 들어 회사를 경영하면서부터는 엄청난 강점이 됐습니다.

디쉐어가 지금은 주식회사로 등기가 되어 있어서 외부 투자를 받기도 하는데요. 투자자가 회사를 방문할 때, 저는 그다지 눈치를 보지 않습니다. 사업을 확장하고 회사를 성장시키려면 외부 투자자금이 매우 중요하기에 보통은 투자자들에게 잘 보이려고 애를 쓰거든요. 하지만 저는 회사 자료를 보여준 뒤 투자하려면 하고 말려면 말라고 당당하게 행동합니다. '내가 좋은 기회를 잡은 게 아니라, 당신이 돈 벌 기회를 잡은 거다'라고 생각하기 때문입니다. 제 태도가 다소곳하지 않아서인지 투자자가 투자를 포기하고 돌아가는 경우도 종종 있는데, 그럴 때면 저는 그가 절호의 기회를 놓쳤다고 생

"

자존감이 높은 사람은 자신감을 떨어뜨리는 부정적인 외적 상황
에도 쉽게 굴복하지 않습니다. 오히려 내면의 힘을 바탕으로 외적
상황을 바꾸려고 노력합니다.

"

각합니다. 직원들이 제발 조금만 숙이면 안 되겠느냐고 우는소리를 해도 절대 듣지 않습니다.

대표로서 적합하지 않은 행동이라고 말하는 사람도 있겠지만, 반드시 그렇지만은 않습니다. 회사의 최고경영자인 제가 드러내는 자신감은 놀랍게도 직원들에게까지 흘러갑니다. 직원들도 최고의 회사를 만들기 위해 노력하게 되죠. 하나의 가치를 공유하고, 같은 목표를 향해 나아가는 집단이 얼마나 놀라운 힘을 발휘하는지 본 적이 있습니까? 디쉐어가 대한민국이 주목하는 플랫폼 기업으로 성장하는 데에는 이런 힘이 든든히 뒤를 받쳐주고 있습니다.

'욕먹을 게 분명한 콧대 높은 자존감'에도 이처럼 일장일단이 있습니다. 그러니 버릇없는 아이가 될까 봐 걱정할 게 아니라 아이가 배가 부를 정도로 마음껏 칭찬을 해야 합니다. 욕 먹고 배부른 것보다는 칭찬 듣고 배부른 아이가 훨씬 더 잘되지 않겠습니까?

복숭아 중에는 새나 벌레가 파 먹어 상품으로는 내놓을 수 없는 것들이 있는데요. 아는 사람들은 일부러 이런 복숭아를 골라서 먹는다고 합니다. 새나 벌레가 기막힌 감각으로 맛있는 과일을 찾아낸 거니까요. 이런 복숭아를 놓고 "넌 진짜 못생겼어!"라고 단점만 부각한다면 그 진한 단맛은 끝내 놓칠 수밖에 없지 않을까요?

자신감과
자존감은 다르다

○

제가 대표로 있는 디쉐어는 전국 75개 직영점까지 포함하면 직원만 1,000여 명에 달합니다. 10여 년 사이에 엄청난 성장을 이뤄냈습니다. 오랜 시간 수많은 직원과 머리를 맞대고 일하다 보니, 사회생활을 하는 데 자존감이 얼마나 중요한 덕목인지 수시로 느끼게 됩니다.

간단한 예로, 직원 A와 B 얘기를 해보겠습니다.

A는 입사 때부터 자신감이 넘치는 친구였습니다. 집이 부유해 어렸을 때부터 과외도 많이 받고 학교 성적도 좋았으며, 해외 유학까지 다녀온 엘리트였죠. A는 교우관계 역시 흠잡을 데가 없었다는데, 요즘 아이들 말로 '인싸'('인사이더'라는 뜻으로 사람들과 잘 어울리는 사람)' 중에서도 '핵인싸'였을 것입니다.

반면, B는 우울한 학창 시절을 보낸 직원이었습니다. 부모님이 음식점을 하다가 망하는 바람에 과외는커녕 학원도 몇 번 다녀본 적이 없다고 하더군요. 하루아침에 가정형편이 어려워지면서 모든 것이 달라졌다고 해요.

그런데 직장생활이 계속되면서 두 사람은 조금씩 달라지기 시작했습니다. A는 입사 초기 자신감 있는 말투와 행동뿐만 아니라 업무에서도 뛰어난 능력을 보였는데, 시간이 흐를수록 위축되어갔습니다. 작은 실수에도 스스로 참지 못했고, 특히 상사에게 지적을 받으면 자책이 너무 심해 업무를 제대로 해내지 못할 정도였습니다.

B는 입사 초기에는 업무 능력이 평범했습니다. 실수도 잦았는데, 큰 실수를 저질러 상사에게 혼이 쏙 빠질 정도로 지적을 당한 적도 수차례나 있었습니다. 웬만한 직원이었다면 적성에 안 맞는다며 사직서를 내고 뛰쳐나갔을 겁니다. 하지만 B는 며칠 끙끙 앓고 나서는 훌훌 털어버리고, 실수를 되풀이하지 않기 위해 이를 악물고 악착같이 일에 매달렸습니다. 자연히 B는 시간이 흐를수록 능력을 업그레이드하며 회사에 꼭 필요한 직원이 됐습니다.

A와 B의 차이는 어디에서 오는 것일까요? 저는 자존감이 있느냐 없느냐라고 확신합니다. 아시겠지만 자신감과 자존감은 엄연히 다릅니다.

A는 자신감을 무기로 삼는 친구라고 할 수 있습니다. 어렸을 때부터 부족한 것 없이 자랐기에 자신감이 충만할 수밖에 없겠죠. 자신감이란 외부의 환경과 비교해 내가 우위에 있을 때 깃드는 감정이거든요. 하지만 자신감에는 태생적으로 큰 결점이 존재합니다.

우위이던 것들이 바뀌면 자신감도 급격히 떨어진다는 거죠.

학창 시절에는 공부만 잘해도 주위에서 떠받들어주니 괜찮았겠지만, 사회생활은 기본적으로 위계질서하에 이루어집니다. 직급으로 나뉘고, 윗사람과 아랫사람으로 구분되며, 불합리한 지시나 지적을 받을 때도 많습니다. 그러니 사시사철 비바람 걱정 없는 따뜻한 온실에만 있다가 약육강식의 정글로 나온 A 같은 사람은 적응하기가 힘들 수밖에 없습니다. A가 상사의 지적에 제대로 대처하지 못한 것도 이 때문입니다. 칭찬에는 익숙하지만 꾸중에는 그렇지 못한 거죠. 주위와 비교해서 우위라고 할 만한 것들이 줄어들면서 자신감이 급격히 떨어지고, 자신감이 사라질수록 움츠러들다가 결국에는 자신을 불행으로 몰아간 것입니다.

그러나 B는 자신감은 부족하지만 자존감을 무기로 삼는 친구라고 할 수 있습니다. 학창 시절 친구들이 함께 햄버거를 사 먹자고 해도 용돈이 부족해 사 먹을 수 없었고, 친구들이 비싼 옷과 신발을 사도 자기만 못 사니 자신감이 떨어졌습니다. 하지만 B는 부정적인 외적 상황 때문에 주눅이 들진 않았습니다. 외적 상황에 휘둘리기보다는 내적 상황에 집중하는 성격이었기 때문입니다.

자존감이란 자신을 존중하는 마음에서 꽃피는 열매라는 사실에 주목할 필요가 있습니다. 실제로 주위를 둘러보면, 똑같이 허름한

옷을 입고 있다 해도 표정은 모두 같지 않다는 걸 알 수 있습니다. 어떤 사람은 볼품없는 옷차림에 창피해하고 어깨를 움츠리지만, 어떤 사람은 차림새에 개의치 않고 어깨를 당당히 폅니다. 이처럼 가진 것이 없어도 당당함을 잃지 않는 이들이 바로 자존감이 높은 사람입니다.

자존감이 높은 사람은 자신감을 떨어뜨리는 부정적인 외적 상황에도 쉽게 굴복하지 않습니다. 오히려 내면의 힘을 바탕으로 외적 상황을 바꾸려고 노력합니다. 내면이 탄탄하니까요. 현재에 무릎 꿇고 고개 숙이기보다는 현재를 이겨내려고 노력합니다.

지금 이 책을 읽고 계시는 당신은 아이를 어떻게 키우고 싶나요? 하나부터 열까지, 최대한 부족함 없이 키우고 싶을 것입니다. 그래야 어딜 가든 기죽지 않고 당당하고 자신감 있게 행동할 수 있으리라 생각하니까요. 아마도 부모라면 다 같은 마음일 겁니다.

하지만 정말 중요한 것은 자신감이 아니라 자존감입니다. 자신감은 부모의 돈이 떨어지는 순간, 부모의 지원이 끊기는 순간, 외부 환경이 악화되는 순간 사라집니다. 그러나 자존감은 나 자신, 내 정체성에 대한 믿음이기에 외부 환경에 좀처럼 휘둘리지 않습니다. 시간이 지나도 가치가 변하지 않는 보석과 같습니다.

다시 한번 강조하지만, 자존감의 유무는 아이가 성인으로 자라 사회에 진출했을 때 더욱 중요해집니다. 차별과 위계가 존재하는 사회에서 쉽게 무릎 꿇지 않는 힘은 엄청난 경쟁력이 됩니다. 내 아이가 역경과 고난이 찾아와도 툭툭 털어버리고 앞으로 나아가기를 바란다면, 자신감이 아니라 자존감을 키워주어야 합니다.

우리 아이 자존감 높이기

☑ 금쪽같은 내 새끼 믿기

존귀하고 귀한 내 자식이다.

이 사실을 잊지 말자!

☑ 마음껏 칭찬하기

욕 먹고 배부른 아이보다

칭찬 듣고 배부른 아이가 훨씬 더 잘된다.

사랑받는다고 느낄 때 아이의 자존감도 높아진다.

☑ 바른 태도 가르치기

귀한 만큼 거짓말을 하거나

나쁜 짓을 하면 혼을 내야 한다.

자존감은 아이가 성인으로 자라

사회에 진출했을 때 더욱 중요해집니다.

경제관념

자녀가 돈 걱정 없이
살기를 바란다면

경제관념

자녀가 돈 걱정 없이 살기를 바란다면

이번 시간에는 '경제관념'에 대해 이야기하려 합니다. 제가 삼 남매를 키우면서 가장 중요하게 생각하는 주제이기도 합니다.

세계에서 내로라하는 부자들은 유대인이라고 알고 있습니다. 모두 아시다시피 유대인들은 어려서부터 자녀에게 경제 교육을 철저히 하는 것으로 유명합니다. 그래서일까요? 전 세계적으로 부자를 따져보면 유대인 비율이 월등히 높습니다.

저는 우리나라 부모님들이 가장 놓치고 있는 것이 경제 교육이라고 생각합니다. 세계 제일의 교육열을 자랑한다지만, 자녀에게 오로지 학교 공부만 잘하면 인생이 풀릴 거라고 강조하기 바쁩니다. 제대로 된 경제 교육은 생각조차 하지 않는 부모님이 대부분이죠.

그러나 어릴 적에 경제관념이 제대로 형성되지 않으면, 정작 그토록 바라던 성공을 해도 문제가 됩니다. 성공하면 자연스레 수중에 큰돈이 들어오게 되는데, 올바른 경제관념이 형성돼 있지 않으면 어떻게 될까요?

답은 우리 주위에 널려 있습니다. 뉴스에도 매일같이 등장합니다. 이른바 잘나가는 이들이 사고를 쳤다는 뉴스가 하루가 멀다고 터져 나오지 않습니까? 갑자기 찾아온 성공에 어떻게 대처해야 하는지 알지 못하기 때문입니다. 생활은 어떻게 해야 하는지, 막대한 돈을 어떻게 관리해야 하는지 알지 못하기에 갈팡질팡하다가 허방을 짚는 것입니다. 공부 잘하고 노래 잘 부르고 운동은 잘했겠지만, 통장 관리 한번 안 해봤으니 혼란을 겪을 수밖에 없죠.

저 역시 영어 강사로 이름을 알리기 시작하면서 갑자기 한 달에 몇천만 원씩 돈이 들어오자, 한때 엄청나게 흔들렸습니다. 남자의 로망이라는 명품 시계, 고급 승용차 등에도 문득 관심이 가더군요.

'저 시계 차고 다니면 진짜 폼 날 텐데!'

이런 생각이 하루에도 열두 번씩 들었습니다. 그러던 어느 날 이러다가 큰일 나겠다는 위기감이 들었고, 정신 바짝 차리고서야 위기를 벗어날 수 있었습니다. 정말 돈이 사람을 잡아먹는다는 말이 괜히 있는 게 아님을 뼈저리게 느꼈습니다. 저는 어릴 적부터 돈이 생기면 저축부터 하라고 배웠고 돈을 허투루 써본 적이 없습니다. 그런 저조차 그렇게 흔들리는 마당에 제대로 된 경제관념이 없으면 어떻게 될까 싶더군요.

아이의 성공을 바란다면, 공부도 중요하지만 돈에 대해 가르쳐야 합니다. 제가 이른 나이에 성공할 수 있었던 것도 부모님께서 확실하게 가르쳐주신 경제관념 덕이었습니다.

자녀의 돈을
그대로 모아 주라

○

　　　　　　부모님들을 대상으로 강연할 때마다 제
가 항상 하는 질문이 있습니다.

　"여기 계신 부모님들 중에서 아이가 백일 때나 돌 때 받은 금반
지, 일가친척이나 어른들에게 받은 세뱃돈과 용돈까지 한 푼도 안
쓰고 모아놓은 분 혹시 계십니까?"

　순간 강의실이 웅성웅성 들끓기 시작합니다. 제 질문에 자신 있
게 손을 드는 부모님은 몇 분 없습니다. 대부분의 부모님은 어색한
웃음을 지으며 옆에 있는 사람들을 돌아보기 바쁩니다. 그러면서
'나만 그런 것은 아니구나!' 하고 다행스러운 표정을 짓죠. 그러면
저는 부모님들을 향해 뼈아픈 말을 날립니다.

"여러분은 지금까지 자식 돈 빼앗아 쓰는 도둑질을 하고 계셨던 겁니다. 아이가 인생의 어린 시절부터 빼앗기는 삶을 보고 자랐는데, 어떻게 자라서 모으는 인생을 살 수 있겠습니까?"

제 말에 강연장은 금세 침묵에 휩싸입니다. 강연 때마다 되풀이되는 풍경입니다.

제가 제 명의의 통장을 눈으로 확인한 것은 정확히 다섯 살 때였습니다. 어느 날 어머니께서 저를 부르시더니 통장 하나를 보여주셨어요. 농협 통장이었는데 50만 원 정도가 들어 있었던 것으로 기억합니다.

"우리 엄마 부자다!"

제가 부러워하자 어머니께서 웃으시며 고개를 젓더니 통장을 건네며 말씀하셨습니다.

"아냐, 여기 봐. 승원이 네 이름 적혀 있지? 이거 네 통장이야."

어머니 말대로 맨 첫 장에 제 이름이 떡하니 적혀 있더군요. 무척 신기한 경험이었습니다. 재미있는 것은 '찾으신 금액' 난에는 아무 내용이 없고, '맡기신 금액' 난만 빼곡했다는 겁니다. 1,000원, 2,000원, 어떤 날은 몇만 원이 적혀 있었어요. 그리고 마지막에 50만 원이라는 어마어마한 숫자가 보였습니다. 티끌 모아 태산이라는 말이 정말 맞더군요. 이 많은 돈이 내 것이라는 어머니 말씀에 심장이 두근댔습니다.

"진짜? 그럼, 이거 다 내 돈이야?"

"그렇다니까. 다 네 거야!"

"나한테 이렇게 많은 돈이 왜 있어?"

제가 묻자 어머니께서 말씀하시기를 돌잔치 때 받은 금반지를 판 돈부터 설날이나 추석 같은 명절 때 집안 어르신들이 제 조막손에 쥐여준 용돈까지 한 푼 건드리지 않고 전부 통장에 넣었다는 것이었습니다.

"앞으로도 승원이 네가 받는 돈은 여기에 다 저축할 거야. 알았지?"

어머니 말씀에 신나게 고개를 끄덕이던 그날의 풍경을 저는 지금도 또렷이 기억합니다. 그때 처음으로 저는 '난 부자야'라고 생각했습니다. 정말 기분 좋은 경험이었죠.

나중에 어머니께 여쭤본 적이 있습니다. 제가 받은 돈을 어떻게 한 푼도 쓰지 않고 모아놓을 수 있었는지 말이죠. 당시에는 몰랐는데, 정말 쉬운 일이 아니라는 것을 뒤늦게 깨달았거든요.

어머니는 어릴 적 받은 상처 때문이었다고 말씀하셨습니다.

"너희 외할아버지는 내가 뭐만 맡기면 주지를 않으셨어. 나중에 물어보면 다 썼다고 그러시는 거야. 그래서 내 자식에게는 절대 그러지 않겠다고 단단히 결심했지."

저는 다른 친구들도 모두 저처럼 부모님이 통장을 만들어주고 철저하게 관리해주고 있는 줄 알았습니다. 그런데 알고 보니 자기 명의의 통장을 가진 친구들은 많아도, 부모님이 제대로 관리하는 친구들은 찾아볼 수 없었습니다. 자기 통장 있느냐고 물어보니 친구들은 이렇게 대답했습니다.

"내 통장? 있는 것 같은데 나도 잘 몰라."

"적금 통장 있었는데, 그냥 엄마가 돈 모았다가 다 빼서 쓰던데?"

충격적인 이야기도 있습니다. 한 친구는 유치원 때 돼지저금통 가득 용돈을 모았는데, 어느 날 집에 돌아와 보니 돼지저금통 배가 쫙 갈라져 있고 돈이 다 사라졌더라고 했습니다.

"그 때문인지는 나도 정확히 모르겠는데, 어쨌든 그때 펑펑 울고서는 그 뒤로 저축 같은 거 잘 안 하게 된 것 같아."

그 친구가 받았을 상처를 상상할 수 있을까요? 부모님이 저금통을 선물해주신 즐거운 기억이, 부모님과 주위 어른들에게 받은 100원 동전으로 과자를 사 먹고 싶어도 꾹 참고 돼지저금통에 넣던 기억이, 하루하루 묵직해져 어느새 들기도 힘들어진 돼지저금통을 보며 헤벌쭉 웃던 기억이 한순간 끔찍한 악몽으로 변한 것입니다.

부모님 입장에서는 갑자기 돈이 필요해 어쩔 수 없었다고 변명하고 싶겠지만, 아무리 그 변명이 타당하다고 할지라도 아이의 작은 상처는 줄어들지 않습니다. 그뿐일까요? 아이는 돈과 관련해 조금씩 부모를 믿지 않게 됩니다. 부모를 신뢰하지 못하게 되는 것입니다. 결국 어린 시절의 상처가 트라우마가 돼 평생의 경제관념에 악영향을 끼칩니다. 아무리 열심히 저축해도 자기가 통제할 수 없는 사고가 일어나 돈이 사라지게 돼 있다고 생각하게 되니까요. 쌓이는 맛은커녕 새는 맛부터 보았으니 돈을 제대로 모을 수가 없는 거죠.

트라우마 탓에 저축을 안 하게 된 친구와 달리, 어머니는 오히려 반대의 결심을 하신 겁니다. 신기하게도 그 일을 통해 저는 부모님을 굉장히 신뢰하게 됐고 안정감을 느끼게 됐습니다. 그때 느꼈던 부모님에 대한 안정감은 지금까지도 변함이 없이 제 마음을 채우고 있습니다. 부모님은 저에게 사랑과 칭찬으로 자존감을, 신뢰와 믿음으로 경제 교육을 해주고 계셨던 것입니다.

부모에 대한 신뢰는 놀라운 기적을 이뤄냅니다. 부모님들이 흔히 하는 이야기가 있습니다.

"우리 애는 도대체 왜 그럴까요? 이거 하라면 저거 하고, 저거 하라면 이거 해요."

아이가 청개구리처럼 통 말을 듣지 않는다는 거죠. 그런데 아이들이 부모 말을 듣지 않게 되는 게 언제쯤부터일까요? 초등학교

믿음 주는 부모 자존감 높은 아이

5학년? 중학교 2학년?

　저는 어려운 아동심리학적인 관점 외에도 '아이가 부모의 말을 믿지 않게 되는 어떤 결정적 계기가 있다'고 생각합니다. 마치 돼지 저금통의 배를 가른 것처럼 말이죠. 이는 바꿔 말하면 '아이가 부모의 말을 믿게 되는 어떤 결정적 계기'가 있을 수도 있다는 뜻입니다. 어머니께서 통장을 보여주셨을 때 제가 느꼈던 부모님에 대한 신뢰처럼 말입니다.

　아이들은 부모를 끊임없이 관찰합니다. 그래서 부모가 잘못하면 불안해하고, 부모가 믿을 만하면 든든해하죠. 앞서 부모가 아이를 믿는 것이 중요하다고 말했는데, 아이도 부모를 믿을 수 있어야 합니다. 상호 신뢰가 형성되어야 하죠. 그러니 아이가 청개구리여서 고민하는 부모님이라면, 자신이 아이에게 청개구리처럼 이랬다저랬다 하는 모습을 보여주지는 않았는지를 먼저 돌아봐야 합니다.

　오늘도 많은 부모가 아이에게 돼지저금통을 사주고, 아이의 손을 잡고 은행을 방문해 통장을 만들어줍니다.

　"우리 아들딸 열심히 저축해서 부자 되렴!"

　부모들도 뿌듯해하고, 아이도 기뻐합니다.

　중요한 건 이때가 시작이라는 것입니다. 절대 아이의 저금통에

"

아이들은 부모를 끊임없이 관찰합니다. 그래서 부모가 잘못하면 불안해하고, 부모가 믿을 만하면 든든해하죠. 아이도 부모를 믿을 수 있어야 합니다.

"

손대지 마시길 부탁드립니다. 아이가 받은 돈에 손대는 것도 도둑질이라는 생각을 해야 합니다. 이것이 바로 아이에게 올바른 경제관념을 심어주는 첫 번째 노력입니다.

용돈기입장을
쓰는 습관이 중요하다
○

그러면 두 번째 노력은 무엇일까요? 아이에게 '용돈기입장'을 쓰게 하는 것입니다.

아동심리학에서는 아이가 돈에 대한 개념을 깨닫게 되는 나이가 만 5세쯤이라고 합니다. 제 생각에도 유치원에 다닐 때 또는 초등학교에 들어갈 나이쯤 되면 돈에 대해 깨치게 되니, 이때 용돈을 주어 스스로 경제생활을 체험하게 하는 게 가장 좋을 듯합니다. 스스로 계획을 세워 지출하고 기록하게 하는 거죠. 나이가 조금이라도 어릴 때 시작하는 게 습관을 들이는 데에도 효과적입니다.

저는 중학교 1학년 때부터 용돈기입장을 쓰기 시작했습니다. 어느 날 아버지께서 저를 부르시더니, 이제부터는 한 달 치 용돈을 줄 테니 스스로 알아서 재정 관리를 해보라고 이야기하셨습니다. 용돈기입장을 정확히 써야만 다음 달 용돈을 줄 거라고, 만약 쓰지 않는다면 용돈을 주지 않겠다는 강력한(!) 경고와 함께 말이죠.

"마이너스가 나도 괜찮아. 단, 절대 거짓으로 지어내지만 말아라."

아버지께서 가장 싫어하시는 게 정직하지 못한 행동이니, 그것만큼은 꼭 지키라는 말씀이었습니다.

그날부터 저는 고등학교를 졸업할 때까지 하루도 빼놓지 않고 용돈기입장을 작성했습니다. 늦은 저녁 식탁에서 가계부를 쓰시는 어머니 옆에서 저도 용돈기입장을 작성했죠. 제가 중학교 1학년 때 처음 받은 한 달 용돈은 1만 5,000원이었는데, 어림잡아 얘기하는 게 아니라 용돈기입장이라는 자료가 있으니 정확한 수치입니다. 매년 약 5,000원씩 늘어 고등학교 3학년 때는 5만 원을 받았습니다. 단 한 번도 감액된 적은 없습니다. 아버지의 조언을 충실히 따라 정말 단 한 번도 건너뛰거나 거짓으로 쓰지 않았거든요.

그렇게 6년을 하루도 빠짐없이 용돈기입장을 쓴 경험이 나중에 사업을 할 때 크게 도움이 됐습니다. 회사 재무제표가 훤히 보였던 것입니다. 형식이 복잡해지고 숫자만 커졌을 뿐 전체적인 원리는 용돈기입장의 수입, 지출, 결산과 크게 다르지 않더군요. 실제로 저는 회사 회계팀이나 외부 회계사들과 이야기할 때도 수치를 헷갈리는 일이 거의 없습니다.

한번은 회계팀에서 보고서가 올라왔는데 얼핏 보기에도 이상해서 다시 파악해보라고 반려한 적이 있습니다. 담당 직원은 연신 고개를 갸웃거리며 그럴 리가 없다는 표정이었는데, 결국 제 지적이 맞았습니다. 그 뒤로 회계팀에서는 제게 보고서를 올릴 때 다시 한번 꼼꼼히 확인한다고 합니다.

아이가 용돈기입장 쓰는 습관을 들이는 데에는 부모의 역할이 무엇보다 중요합니다. 우선 용돈기입장을 제대로 쓰고 있는지 반드시 확인해야 합니다. 예를 들어 일주일 치 용돈을 준다면 일요일마다 용돈기입장을 확인해야 합니다. 한 달 치 용돈이라면, 적어도 한 달에 한 번씩은 확인해야 하고요. 만약 제대로 쓰고 있지 않다면, 그에 따른 벌칙을 주어야 합니다. 잘 쓰고 있으면 당연히 아낌없는 칭찬이 뒤따라야겠죠.

부모가 이렇게 꾸준하고 반복적으로 확인하면, 어느 순간부터 아이 스스로 용돈기입장을 쓰는 버릇이 들게 됩니다. 그러면 확인하는 횟수를 점점 줄여도 좋습니다.

이때 한 가지 주의해야 할 점이 있습니다. 용돈기입장을 꼼꼼히 확인해야 하지만, 너무 지나친 간섭은 자칫 역효과를 부를 수 있다는 것입니다. 특히 쓸데없는 데 돈을 썼다고 야단쳐서는 절대 안 됩니다. 주어진 용돈 안에서 지출했다면, 어쨌든 돈을 어디에 쓸지 결정하는 건 아이 몫이기에 전적으로 인정해야 합니다. 잘못된 소비가 불러올 이후의 고달픔 역시 전적으로 아이의 몫인 거죠. 그렇게 아이는 잘못된 일을 경험하면서 올바른 소비 습관이 얼마나 중요한지 배우게 됩니다. 다만 명백하게 잘못된 소비가 반복적으로 보인다면, 그때는 적절히 주의를 주어야겠죠.

하나부터 열까지 부모가 간섭한다면, 용돈기입장을 쓰는 원래의 취지마저 사라지게 됩니다. 용돈기입장을 쓰는 최종 목적은 스스로 경제생활을 하면서 경제관념을 배운다는 것임을 꼭 기억해야 합니다.

기록하는 습관
○

용돈기입장을 쓰면 어떤 효과를 얻을 수 있을까요?

제가 생각하는 첫 번째 효과는 '기록하는 습관'입니다. 아이는 자기가 사용한 돈을 고사리손으로 하나하나 적으면서 기록하는 습관을 들일 수 있습니다. 이렇게 기록을 해야 '돈이라는 것은 쓰면 줄어든다'는 사실을 머릿속에 명확히 새겨 넣을 수 있습니다.

용돈, 나아가 돈은 한정된 자원이고, 쓰다 보면 언젠가는 '0'으로 수렴한다는 점을 깨닫는 것은 무척 중요한 일입니다. 이전까지는 아이스크림이 먹고 싶을 때마다 "엄마, 아이스크림!" 한마디면 엄마 지갑에서 돈이 쑥쑥 나오니, 돈이 화수분처럼 펑펑 쓸 수 있는 것이라고 생각했을 겁니다. 하지만 용돈을 받아 소비하고 용돈기입장을 기록하면서 아이는 깨닫게 됩니다. 돈이 한정된 자원이라는 것을 말이죠. 이는 무척 중요한 가르침입니다.

저는 아이들이 일기 쓰는 습관보다 용돈기입장 쓰는 습관을 기르는 게 성장에 훨씬 이롭다고 생각합니다. 아이들은 일기 쓰기를 정말 싫어하죠. 왜 그럴까요? 날마다 꼬박꼬박 쓰는 게 귀찮아서일까요? 단순히 그 때문만은 아닙니다. 피부에 와닿는 효용이 없기 때문입니다. 일기 안 썼다고 굶기거나 용돈 안 주는 부모들은 없지 않습니까. 그러니 일기는 쓰면 좋고 안 쓰면 적당히 혼나고 넘어가는, 그야말로 숙제가 되어버리는 것입니다. 습관을 들이려다가 괜한 부작용만 일으키는 거죠. 제가 생각하기에 어른들이 일기를 쓰지 않는 이유는 어릴 때 잘못 들인 습관 때문인 것 같습니다.

하지만 용돈기입장은 어떤가요? 일주일이나 한 달 치 용돈을 주고 용돈기입장을 제대로 쓰지 않으면 다음 달 용돈을 깎는다고 얘기하면 아이들은 눈빛부터 달라집니다. 습관을 들이는 게 어렵긴 하지만, 일단 습관이 들면 오히려 기록하지 않는 것이 어색해집니다. 그리고 기록하는 습관이 몸에 배면 아이의 인생 자체가 달라질 가능성이 큽니다. 단지 용돈을 어디에 썼는지 적던 것에서 다양한 생각을 메모하는 버릇이 생기고, 그 메모가 어느 순간 기적을 가져다줄 수도 있습니다.

실제로 수많은 성공한 사람들이 한목소리로 이야기하는 성공 비결이 바로 '기록하는 습관'입니다. 금전출납부를 적고, 하루도 빠짐없이 일기를 쓰고, 언제나 상의 주머니에 수첩을 가지고 다니며 순간순간의 생각을 메모하죠.

지금 같은 시대에는 기록하는 습관이 더더욱 필요합니다. 삶의 속도가 갈수록 빨라지고 있으니까요. 생각이 세상의 변화 속도를 미처 따라가지 못할 정도죠. 하루에도 무수한 정보가 급류처럼 밀려드는데, 아차 하는 순간 필요한 정보가 흘러가 버리기도 합니다. 설사 떠올랐다고 해도 뒤이은 정보가 금세 덮어써 버립니다. 이런 정보의 홍수 속에서 자기에게 필요한 정보를 포착하는 가장 효과적인 방법이 바로 기록인 거죠.

믿음 주는 부모 자존감 높은 아이

"

이런 경험도 반드시 필요합니다. 어제 과소비를 하는 바람에 오늘
부터는 쫄쫄 굶는 경험을 해봐야 유혹에 빠지지 말아야겠다고 다
짐하게 되니까요.

"

아이의 용돈기입장 작성 습관이 발전하면 인생을 바꾸는 메모 습관이 될 수도 있다는 걸 꼭 기억하기 바랍니다.

우선순위를
매기는 습관
○

용돈기입장이 가져다주는 두 번째 놀라운 효과는 '우선순위를 매기는 습관'입니다. 정말 너무너무 중요하기에 몇 번이라도 강조하고 싶은 습관이죠. 수능으로 따지면 매년 반드시 출제되는 핵심 기출 문제나 다름없습니다.

우선순위를 매기는 습관을 들이기 위해서는 반드시 지켜야 하는 원칙이 있습니다. 용돈을 약간 모자라다는 느낌이 들게 주어야 한다는 것입니다.

왜일까요? 용돈이 많으면 당연히 과소비할 가능성이 커집니다. 풍족하니 아껴 쓸 생각을 하지 않게 되는 거죠. 반대로 용돈이 너무 적어도 탈입니다. 초등학교 6학년 아이에게 일주일 용돈으로 1,000원을 준다고 생각해보세요. 성격 좋던 아이마저 비뚤어지는 것을 목격하게 될 겁니다. 아이나 어른이나 궁핍은 마음을 쪼들리게 합니다. 일단 어느 정도 가진 것이 있어야 그다음 생각도 할 수 있죠.

따라서 용돈은 조금 모자란 듯 감질나는 수준으로 책정해야 합니다. 그래야 아이는 정말 갖고 싶은 것과 그렇지 않은 것에 대해 고민하게 됩니다.

'오늘은 사탕을 사 먹을까, 아이스크림을 사 먹을까? 둘 다 사 먹으면 내일 쓸 돈이 부족한데….'

아이는 살짝 부족한 용돈을 앞에 두고 고민합니다. 그리고 고민 끝에 어떤 식으로든 결론을 내리죠.

'어제 사탕 먹었으니까 오늘은 아이스크림 먹자.'

'아이스크림은 너무 비싸. 그냥 사탕 하나만 사 먹자.'

'도저히 못 참겠어. 사탕도 아이스크림도 다 먹고 싶으니까 일단 다 사 먹자.'

양자택일을 하는 과정에서 합리적인 결론을 내릴 때도 있겠지만, 때로는 충동에 지고 말 때도 있을 겁니다. 당연한 일입니다. 어른도 절제력을 발휘하려면 힘이 드는데 아이는 오죽할까요? 그런데 이런 경험도 반드시 필요합니다. 어제 과소비를 하는 바람에 오늘부터는 쫄쫄 굶는 경험을 해봐야 유혹에 빠지지 말아야겠다고 다짐하게 되니까요. 말 그대로 쓰라린 실패의 경험이 아이에게는 최고의 선생이 되는 셈입니다.

이런 작은 고민, 성공과 실패가 점점 쌓이면서 아이에게는 우선순위를 매기는 습관이 형성됩니다. 덜 필요한 것은 포기하거나 나중에 사는 훈련이 되는 거죠. 이 훈련이 아이가 성인이 됐을 때 큰 힘을 발휘합니다.

아이들은 몇 년 뒤 성인이 되어 누군가는 한 달 치 월급을 받는 직장인이 되고, 또 누군가는 사업을 하면서 스스로 재정을 관리하게 될 겁니다. 이때 월급을 어떻게 사용해야 할지, 재정 계획을 어떻게 세울지가 중요해집니다. 한 달에 1,000만 원을 벌면 뭐합니까? 2,000만 원을 쓰는데. 그러면 결국은 빚쟁이가 될 뿐입니다. 우리 주위에는 이렇게 가랑이 찢어지는 줄도 모르고 황새 따라가는 뱁새가 정말 많습니다.

저는 중학교 때부터 용돈기입장을 써서 그런지, 웬만해서는 과소비를 하지 않습니다. 소비를 하더라도 우선순위를 따져 합리적인 소비를 하려고 노력합니다.

제가 동영상 영어 강의를 시작하면서 수입이 폭발적으로 늘기 시작할 때였습니다. 일이 예상보다 훨씬 커지니 너무 바빠져 차가 간절히 필요했어요. 대중교통을 이용하느라 길에서 버리는 시간이 너무나 아까웠거든요. 그래서 이참에 좋은 차를 살까 하는 생각도 했

믿음 주는 부모 자존감 높은 아이

습니다. 조금만 무리하면 멋진 신차를 사서 끌고 다닐 수 있다는 생각에 기분이 좋기도 했죠. 하지만 다음과 같은 고민 끝에 저는 멋진 신차가 아니라 중고차를 선택했습니다.

"필요에 의한 소비를 해야 한다. 기호에 의한 소비를 할 때는 반드시 철저한 계획을 세워 고민 끝에 결정해야 한다."

제가 산 차는 1999년식 카렌스였습니다. 당시 아버지께서 14년째 중고차 딜러 사업을 하고 계시던 때라 아버지께 부탁했더니 제게 딱 맞는 차라고 추천해주셨습니다.

"첫 차를 좋은 차로 사는 것은 어리석은 짓이야. 처음 사는 차는 길이 잘든 중고차로 사야 초보자가 운전하기 편해. 접촉사고가 나도 아깝지 않고. 이런저런 작은 사고를 겪으면서 차 관리하는 법도 제대로 배울 수 있고 말이야."

무엇보다 차는 돈을 벌어다 주는 게 아니라 가치가 떨어지는 소비재이니 처음부터 큰돈을 들일 필요가 없다는 것이었습니다. 그래서 가치가 더는 내려갈 수 없는 1999년식 카렌스를 200만 원에 구입했습니다. 중고차라서 차를 몰던 첫해에만 벨트가 고장 나고 미션에 문제가 있는 등 보험회사에 여섯 번이나 전화를 해야 했습니다. 대신 팔 때도 200만 원을 받았습니다. 3~4년 동안 정말 알뜰하게 사용했던 것입니다.

결혼할 때도 마찬가지였습니다. 아버지께서는 제가 어릴 적부터 결혼할 때 딱 5,000만 원만 보태주겠다고 하셨는데, 실제로 딱 그만큼 지원해주셨습니다. 워낙 어릴 때부터 들어온 얘기라서 그런지 섭섭한 마음은 들지 않았고, 저는 제가 받을 수 있는 금액 안에서 어떻게 해야 가장 합리적으로 결혼 준비를 할 수 있을지 고민했습니다. 그리고 나름대로 만족스러운 결혼 예산을 짰습니다.

용돈기입장을 쓰는 습관을 들이면 성인이 됐을 때 어떻게 돈을 벌고, 어떻게 저축을 하고, 돈을 어디에 쓰는 게 합리적인지 우선순위를 정하는 데 큰 도움이 됩니다. 나아가 단순히 돈에 대해서만이 아니라 일의 경중을 따져 더 중요한 일에 힘을 쏟을 수 있게 됩니다. 부족한 자원 내에서 최선의 선택을 하는 습관이 평생 현명한 선택을 하는 데 도움이 되는 것입니다.

저축하는 습관
○

용돈기입장이 가져다주는 세 번째 효과

는 '저축하는 습관'입니다. 게임으로 치면 용돈기입장계의 최종 보스전이라고 할 수 있죠!

앞서 얘기했듯이, 저는 중학교에 입학한 직후부터 용돈기입장을 쓰면서 저축을 시작했습니다. 어머니께서 보여주신 통장이 엄청난 힘이 됐죠. 수중에 돈이 들어오면 무조건 어머니께 쪼르르 달려가 맡기곤 했습니다. 집에 부모님 친구분들이 놀러 오셨다가 맛있는 거 사 먹으라고 용돈을 주시면, 꼭 필요한 돈을 빼고 나머지는 어머니께 드렸습니다.

그러면 어머니께서 돈을 서랍에 모아두셨다가 한 달에 한 번 은행에 가서 저축을 하고, 두어 달에 한 번씩 통장을 제게 보여주셨습니다. 막연히 돈을 저축하고 있다고 말로만 하지 않고, 돈이 쌓여가는 모습을 눈으로 직접 확인하게 해주신 거죠. 그때부터 제 머릿속에는 한 가지 개념이 확실하게 자리 잡았습니다.

'돈은 저축하면 모이게 되고, 돈이 모이면 부자가 되는구나!'

어머니는 제가 대학교에 입학하자 그렇게 모았던 통장을 건네주셨습니다. 이제 어엿한 성인이 됐으니 통장을 직접 관리하라면서 말이죠. 통장에 얼마가 들어 있었느냐고요? 500만 원 정도였습니다. 금액이 너무 커서인지 어머니께서 슬쩍 물어보시더군요.

"통장에 500만 원이나 있는데 기분이 어때? 뭐 할 거니?"

어머니 마음이 충분히 이해됐습니다. 갑자기 수중에 거금이 들어왔으니, 눈이 홱 돌아서 펑펑 쓰지는 않을까 걱정이 되셨을 겁니다. 그때 제가 한 대답을 저는 지금도 기억합니다.

"뭐 하긴요. 더 모아야죠."

500만 원을 보니 쓰고 싶은 마음보다 오히려 더 모으고 싶은 마음이 샘솟았습니다. 때마침 영어 강사가 되겠다는 목표를 세우고 영어 공부에 매진하던 때라 따로 돈을 쓰고 싶은 마음도 별로 없었습니다.

그리고 몇 달 뒤 영어 과외로 돈을 벌기 시작하면서 통장의 숫자는 하루가 다르게 바뀌었고, 그걸 보면서 저축하고자 하는 마음이 더 커졌습니다. 부모님을 비롯해 어르신들께 받은 용돈을 아끼고 또 아껴 저축하던 때와 달리, 과외비를 저축하면서 하루하루 숫자가 달라지니 아주 신이 났습니다.

버는 돈의 일부는 교회와 부모님의 구제 활동에 보탰습니다. 그리고 나머지는 기본적인 교통비, 식비를 빼고 전부 저축했더니 스물세 살에 1,700만 원이 모이고, 스물다섯에는 5,000만 원이 모였습니다. 스물여덟에는 1억 원을 모을 수 있었습니다.

결과적으로 어린 나이부터 큰돈을 모을 수 있었던 것은 어머니께서 제게 들어온 돈을 절대 건드리지 않은 덕입니다. 어머니의 정성

믿음 주는 부모 자존감 높은 아이

"

아낀 용돈을 자기 명의의 통장에 넣어 조금씩 불어나는 모습을 보
는 것이야말로 최고의 효과를 거두는 방법입니다. 저축의 즐거움
을 한번 맛본 아이는 계속해서 저축을 하게 됩니다.

"

과 가르침이 구르는 눈덩이처럼 엄청난 결과를 만들어낸 겁니다.

부모님이 아무리 말로 근검절약이나 저축을 강조해도 소용이 없습니다. 중요한 것은 아이가 직접 보고 느끼는 것입니다. 용돈기입장을 쓰면서 아낀 용돈을 자기 명의의 통장에 넣어 조금씩 불어나는 모습을 보는 것이야말로 최고의 효과를 거두는 방법입니다.

저축의 즐거움을 한번 맛본 아이는 계속해서 저축을 하게 됩니다. 또래 친구들이 쓸 돈이 없어 허덕일 때도 어떻게든 돈 쓸 곳을 줄여 저축을 하죠. 마치 공부에서 1등 하는 아이가 성적 떨어지는 것을 스스로 용납하지 못하듯이 말입니다. 1등 하는 아이는 1등을 함으로써 받는 칭찬과 주목이 얼마나 짜릿한지 알기 때문에 계속해서 노력합니다. 저축을 하는 것도 마찬가지입니다. 돈이 쌓이는 모습을 보는 것이 얼마나 짜릿한 기쁨인지 알기에 계속해서 저축을 합니다.

그러니 우선 아이에게 돼지저금통을 선물해야 합니다. 나이가 어느 정도 되면 통장을 개설해주고요. 은행에 가면 어린이용 적금상품도 다양하게 나와 있습니다. 증권사를 찾아 어린이용 적립식 펀드상품에 가입할 수도 있죠.

'지금 참으면 나중에 더 좋은 것을 얻을 수 있다!'

이런 마음가짐으로 당장의 욕구를 이기고 절약하고 저축하는 것,

믿음 주는 부모 자존감 높은 아이

이것이 바로 멋진 인생을 위한 최고의 경제관념입니다.

투자와 소유의
경험을 쌓게 하라
○

용돈기입장을 통해 기록하는 습관, 우선순위를 매기는 습관, 저축하는 습관을 들이면 올바른 경제관념을 위한 토대를 확실히 쌓은 것이라 할 수 있습니다.

그럼 이제 부모님들은 무엇을 해야 할까요? 돈은 무조건 저축하고 쌓아놓으라고 있는 게 아닙니다. 올바른 곳에 제대로 쓰일 때 진정한 가치가 있죠. 부모님들이 마지막으로 해야 할 일은 '돈을 제대로 쓰는 법'을 가르치는 것입니다.

앞서 말한 것처럼 저는 어렸을 때부터 꾸준히 저축하는 습관을 들였는데, 쌓이고 모이기만 할 것 같은 돈이 통장에서 왕창왕창 빠져나갈 때가 있었습니다. 바로 '내 것'을 장만할 때였죠.

지금도 그렇지만, 제가 어릴 때도 피아노 레슨을 받는 게 유행이었습니다. 한 달 레슨비가 7~8만 원 정도였고, 저와 동생이 함께 레슨을 받았습니다. 그러다가 저희를 데리고 학원을 오가던 어머니께서도 흥미를 느끼셨는지 같이 피아노를 배우기로 하셨습니다. 네 식구 중에서 세 명이 배우게 되니 집에 피아노를 장만하는 게 어떻겠느냐는 의견이 가족회의에서 나왔고, 논의 끝에 피아노를 들이기로 했습니다. 우리 집에 피아노 생겼다고 친구들에게 자랑할 생각에 저와 동생은 마구 들떴죠. 그런데 갑자기 아버지께서 이렇게 말씀하셨습니다.

"너희도 돈을 보태야지."

저는 당황해서 눈만 멀뚱멀뚱 뜨고 있었는데 동생이 천진난만한 표정으로 묻더군요.

"왜요?"

"피아노 사면 엄마만 쳐? 너희도 치잖아. 그러니까 당연히 너희도 돈을 보태야지. 피아노가 비싸니까 절반은 좀 그렇고, 둘이 딱 3분의 1만 내라."

아버지 말씀이 어찌나 가슴을 후벼 파던지 저와 동생은 아무 말도 못 했습니다. 며칠 뒤 부모님과 손을 잡고 피아노 가게에 들러 피아노를 골랐어요. 그렇게 장만한 삼익피아노의 가격이 150만 원이었습니다. 그중 50만 원은 제가, 10만 원은 동생이 부담했습니다.

처음에는 뭔가 좀 이상하다는 생각도 들었습니다. 다른 집도 이러나 싶었어요. 다른 집에서도 무언가를 살 때 부모님이 자식한테 돈을 내라고 하는 걸까? 그러면 TV를 바꾸거나 냉장고, 소파를 바꿔도 그때마다 돈을 내야 하나? 남들은 안 그런 것 같아 어린 마음에 억울하다는 생각도 들었던 것 같습니다. 그동안 군것질하고 싶은 것도 참고, 친구들이 아이스크림 먹을 때 침만 삼키던 쓰라린 기억이 떠오르면서 돈이 왕창 빠져나간 통장이 어찌나 불쌍해 보이던지!

그런데 신기한 일이 벌어졌습니다. 집 거실 한편에 놓인 위풍당당한 피아노를 보는 순간, 가슴이 두근거리는 거였어요.

'이거 내 거야! 내 돈으로 산 내 거라고!'

가슴이 뻐근할 정도로 뛰던 심장 소리가 지금도 생생합니다. 그만큼 자부심이 치솟았습니다.

'내가 돈을 모아서, 어떤 대상에 투자를 하면, 그만큼이 내 것이 된다!'

그 느낌은 정말 놀랍도록 짜릿했습니다. '소유'에 대한 개념을 확실히 깨닫게 된 겁니다.

그 뒤로 친척이나 부모님 친구분들이 집에 놀러 와 "오, 피아노 샀네"라고 하실 때마다 저는 "이 피아노 3분의 1은 제 거예요" 하고 자랑하기 바빴습니다. 친구들이 집에 놀러 오면 "피아노 치고 싶으면 나한테 허락 맡고 쳐야 해"라고 으스대곤 했죠. 친구들 입장에서는 진짜 재수 없는 소리였겠지만, 그만큼 '내 것'에 대한 자부심이 생긴 것입니다.

게다가 놀라운 것은 피아노에 먼지가 앉을세라 마른 수건으로 틈틈이 청소할 정도로 애지중지하게 됐고, 그것을 소유한 나 자신도 멋지다고 생각하게 됐다는 것입니다. 내가 무언가를 이루고, 무언가를 가졌다는 기쁨을 알게 된 거죠. 그때 느꼈던 기쁨으로 저는 성인이 되어서도 '내가 차를 갖게 되고, 집을 갖게 되면 얼마나 기쁠까?'라는 상상을 하며 열심히 일하고 저축할 수 있었습니다.

덧붙여 '소유'의 경험은 자존감을 키우는 데에도 최고의 방법입니다. 내 것, 누구의 것도 아닌 내 것을 가지게 되는 경험은 스스로에 대한 만족감을 놀라울 정도로 높여주기 때문입니다.

사람은 가장 처음 경험한 것을 오래 기억합니다. 부모님에게서 처음 받은 선물을 잊지 못하고, 첫사랑을 잊지 못합니다. 그만큼 첫 경험은 큰 기쁨을 안겨줍니다. 그러나 이보다 더 큰 기쁨은 '온전히 내 힘으로 가진 내 것'의 첫 경험 아닐까요? 이 소중한 경험을 할 기회를 아이에게 선물한다면, 아이는 높은 자존감으로 무장해 훗날 더 많은 것을 가지게 될 것입니다.

우리 아이 경제관념 키우기

☑ 아이 저금통에 손대지 않기

아이가 백일 때나 돌 때 받은 금반지,
일가친척이나 어른들에게 받은 세뱃돈과 용돈까지,
아이의 통장에 그대로 모은다.

☑ 용돈기입장 쓰게 하기

용돈을 주어 스스로 경제생활을 체험하게 한다.
용돈기입장을 제대로 쓰고 있는지 주기별로 확인한다.

☑ 너무 지나친 간섭 안 하기

주어진 용돈 안에서 지출했다면,
어쨌든 돈을 어디에 쓸지 결정하는 건 아이 몫이다.
잘못된 소비가 불러올 이후의 고달픔까지도.

당장의 욕구를 이기고 절약하고 저축하는 것,
멋진 인생을 위한 최고의 습관입니다.

정직

정직이 삶의 그릇을 키운다

정직

정직이 삶의 그릇을 키운다

이번 시간에는 '정직'에 대해 이야기해보려 합니다. 저는 아이를 키울 때 정직만큼 중요한 교육이 없다고 확신합니다. 실제로 제가 창업 10년 도 안 된 회사를 지금의 자리로 끌어올린 데에는 '정직이 가진 진정성'이 학생과 학부모님들에게 믿음을 준 덕분이라고 생각합니다. 그리고 어릴 적 부모님으로부터 배운 정직이 사회생활을 할수록 더욱더 큰 힘을 발휘 하고 있다는 것을 매 순간 느끼고 있습니다.

저는 높은 자존감 때문에 표현을 조금 과하게 하는 경향은 있지만, 거 짓말은 절대 하지 않으려고 노력합니다. 그래서 재미있는 경험을 할 때 도 많습니다. 제가 교육 업체를 이끄는 대표이다 보니 학부모님들을 만 나면 이런 질문을 받곤 합니다.

"선생님, 유학은 어디 갔다 오셨어요? 우리 애는 어디로 유학 보내는 게 좋을까요?"

개중에는 미국 아이비리그를 졸업한 학부모님들도 더러 계십니다. 혹시나 자신과 대학 동문은 아닌지 궁금해하면서 동문이면 좋겠다는 열의를 보이시죠. 하지만 저는 부끄러움 없이 정직하게 말씀드립니다.

"유학을 한 적은 없어요. 저는 2017년에 미국이라는 나라를 처음 가봤습니다. 100퍼센트 순수 국내산입니다."

이렇게 답하면, 이어지는 질문도 거의 매번 비슷합니다.

"어머, 학교 다닐 때 영어 진짜 잘하셨나 봐요?"

"아뇨. 전 스무 살 때까지 영어 정말 못했습니다."

"그럼…, 열심히 공부하셨나 보네요."

"네. 히딩크나 퍼거슨 감독이 유명한 축구 선수는 아니었잖습니까? '나는 아직도 배가 고프다'라고 했던 히딩크 감독처럼 이를 악물고 대한민국 최고의 영어 강사가 되려고 노력했습니다. 지금도 배가 고프고요."

그냥 얼렁뚱땅 넘어가도 되지만, 최대한 저 자신을 있는 그대로 드러내려고 노력합니다. 거짓으로 꾸미면 그 순간에는 이익을 볼지도 모르지만 결국에는 더 큰 손해를 본다는 것을, 오히려 당장은 손해를 보더라도 나중에는 더 큰 이익으로 돌아온다는 것을 그동안의 수많은 경험으로 배우고 익혔기 때문입니다.

사업을 하다 보니 상상도 못 한 큰돈을 움직이고, 수많은 직원을 관리하고, 수많은 거래처 인사와 투자자들을 만나게 됐습니다. 그러면서 결국에는 정직하게 사업하는 게 최고의 경영이라는 걸 시간이 흐를수록 더욱더 절실히 느끼게 됩니다. 간단히 얘기해서 거짓말하는 것은 나 혼자지만, 내가 거짓말을 하는지 아닌지는 수백, 수천 명이 보고 있지 않습니까? 그러니 들통이 안 날 수가 없습니다. 거짓말로 순간을 모면하고나서 안절부절못하는 것보다 처음부터 정직한 것이 내 속도 편한 법입니다.

정직한 품성은 아이가 어렸을 때 부모님이 어떻게 훈육하느냐에 좌우된다는 것을 학생들을 가르치면서 수없이 확인했습니다. 하지만 여전히 많은 부모님은 아이 성적이 떨어지면 세상이 무너진 듯 느끼면서도 아이가 거짓말을 하거나 부정직한 행동을 할 때는 아직 어려서 그런 거라고 은근슬쩍 넘어가곤 합니다. 부모님들 마음속에 '정직보다 성적이 우선'이라는 생각이 있기 때문인데, 저는 이런 태도만큼은 당장 고쳐야 한다고 생각합니다.

왜 정직해야
할까?

○

어렸을 때 한 가지 아픈 기억이 있습니다. 초등학생 때였는데, 어느 날 부모님이 외출하면서 저희 형제에게 학습지를 풀어놓으라고 말씀하셨습니다. 신나게 놀다가 부모님이 돌아오실 시간이 되자 허겁지겁 해답지를 몰래 꺼내서 동생은 11문제, 저는 3문제 답만 싹 베꼈습니다.

아버지께서 학습지를 확인하더니 뭔가 이상하다고 감을 잡으셨어요. 문제를 푼 흔적도 없이 답이 깔끔히 적혀 있으니까요. 아버지께서 물으셨습니다.

"너희들이 푼 거 맞니?"

"네…, 맞아요."

"그래? 그럼 이 문제 다시 풀어봐."

당연히 들통이 날 수밖에 없었습니다. 그리고 TV에서나 나옴직한 상황이 벌어졌습니다. 아버지께서 저희에게 당신 종아리를 때리라고 하시더군요.

어린 마음에 우리가 잘못했는데, 아버지를 때리라고 하시니 덜컥 겁이 났습니다. 그래서 정말 무릎 꿇고 손이 발이 되도록 싹싹 빌었습니다. 아버지는 동생에게 회초리를 쥐여주며 세게 때리라고 하셨습니다. 그러자 동생이 아버지 종아리를 때렸습니다. 아버지는 더세게 때리라며 동생의 종아리를 힘 있게 때리시며 "이렇게 말이야"라고 하셨습니다.

동생과 저는 눈물, 콧물로 범벅이 되어 아버지의 종아리를 회초리로 때렸습니다.

그런데 그게 끝이 아니었습니다. 어머니도 잘못하셨다며 어머니도 때리라고 하셨습니다. 그러고는 저희한테 나가라고 하셨습니다. 거짓말하는 자식은 용서하지 못한다고 하시면서.

저희는 무릎을 꿇고 잘못했다고 빌었습니다. 그러자 아버지가 그러면 우리 가족이 모두 잘못한 것이니 너희도 그만큼 책임을 갖고 회초리를 맞으라고 하셨습니다. 저희는 아버지 어머니를 때린 아픔 때문에 고개를 끄덕였고, 답지를 베낀 수만큼 회초리를 맞았습니다.

저와 동생은 엉엉 울면서 손이 발이 되도록 빌었습니다. '시킨 일을 안 하면 안 했지, 절대 거짓말은 해서는 안 된다'라는 생각을 하면서요. 그리고 우리 가족은 회초리 자국의 종아리를 보이며 서로를 부둥켜안고 울었습니다. 그리고 약속했습니다. 다시는 거짓말하지 않기로요.

어린아이들이 대부분 그렇겠지만, 아버지는 제게 슈퍼맨보다 더 멋있고 힘센 히어로였습니다. 그랬기에 아버지의 신뢰를 잃는다는 게 너무 두려운 나머지 벌벌 떨었던 거죠. 집안 형편이 넉넉한 것은 아니라 제가 사달라는 거 다 사주시지는 못해도 아버지께서는 술, 담배도 안 하시고 흠이 되는 모습을 보여주는 분이 아니었습니다. 어린 눈으로 보기에도 약속을 하면 경중을 떠나 반드시 지키려고 노력하는 언행이 일치하는 분이셨죠. 심지어 자식에게도 허투루 말씀하신 적이 없으셨어요. 나를 신뢰하는 사람에게 실망감을 줄지도 모른다는 두려움에 앞이 까마득했습니다.

아버지는 제게 그렇게 정직을 가르치셨습니다. 그때의 아픔이 저를 지금에 이르게 해주었고, 어떤 어려움이 닥쳐도 절대 흔들리지 않게 해주었습니다.

우리는 아이들이 착하고 정직하면 이렇게 말합니다. 좀 더 영리해지라고, 아니 영악해지라고. 그래야 남에게 당하지 않고 살 수 있다고 말입니다. 조금은 정직하지 않아도 괜찮다고, 약간의 거짓말은 누구나 하는 거라고 말입니다.

그래서 지금 사회가 어떻게 되었습니까? 서로를 믿지 못하고 송사와 이간질, 거짓이 판치는 세상이 되어가고 있습니다. 그런데 정말 정직하게, 착하게 살면 손해만 보게 될까요? 남에게 당하기만 할까요?

저는 그렇지 않다고 분명히 말씀드릴 수 있습니다. 저는 지금도 회사에서 직원들에게 정직을 최우선으로 꼽습니다. 제가 살아본 결과 정직하면 더 좋은 일이 일어나고 일도 잘 풀렸습니다. 당장 풀리지 않을지라도 그 대가는 반드시 몇 배로 돌아옵니다.

왜 아이들에게 정직보다 거짓을 가르치십니까? 이제 바꾸셔야 합니다. 정직을 가르치고 부모가 먼저 솔선수범하셔야 합니다. 그래야 아이들이 행복하게 살 수 있는 세상이 됩니다.

"

앞으로 점수가 어떻게 나오든 아빠가 그걸 가지고 뭐라 그러지는
않을 거야. 다만 정직함에 대해서만은 오늘 네가 약속한 바를 지켰
으면 좋겠다.

"

첫째도 정직,
둘째도 정직이다

○

그런데 사람은 잘못을 반복하는 모양입니다. 거짓말하는 버릇이 쉽게 고쳐지지는 않죠. 그래도 포기하지 마시고, 아이들에게 꼭 정직하라고 가르치셔야 합니다. 실수를 반복하더라도 다시 혼나고 깨닫게 되면 고쳐집니다. 저에게는 지금도 잊지 못하는 사건이 있습니다.

저는 중학교에 입학한 후 처음 치른 중간고사와 기말고사 성적을 또렷이 기억하고 있습니다. 기억력이 좋아서라기보다는 한 가지 사건 때문인데요. 중간고사 석차가 43명 중에서 31등이었습니다.

'내가 이렇게 공부를 못했나?'

성적표를 받아들고 많이 당황했습니다. 집에 와서 성적표를 보여드렸는데 다행히 아버지는 별다른 말씀이 없으셨습니다. 어머니가 살짝 걱정을 하시기에 이번 시험은 실수가 많았지만 다음 시험에서는 다를 거라고 큰소리를 쳤죠.

그런데 기말고사에서는 오히려 더 떨어져 34등을 했습니다. 부모님께 성적표를 보여드리기가 너무 창피했던 저는 성적표를 책상 깊

숙이 숨겨놓고는, 선생님이 방학 끝나면 준다고 하셨다고 거짓말을 하고 말았습니다.

안 들킬 리가 없었죠. 학부모 모임에 참석하셨던 어머니께서 성적표가 이미 배부된 것을 알게 된 것입니다. 집에 돌아오신 어머니께 크게 혼이 났는데, 문제는 아버지였습니다. 평소에는 제가 공부를 안 해도 별다른 말씀이 없으셨지만, 아버지가 가장 싫어하는 게 바로 정직하지 못한 언행이었기 때문입니다. 아버지께서 저를 어떻게 바라볼까 하는 두려움에 가슴이 방망이질쳤습니다.

'다리 몽둥이가 부러지겠구나!'

성적 때문이 아니라 거짓말한 것에 대해서 크게 혼이 날 것을 짐작했죠. 어머니께 자초지종을 들은 아버지께서 저를 부르시더군요. 그런데 이상하게도 회초리를 가져오라는 말씀 대신 한참을 묵묵히 생각에 잠겨 계시더니 저를 보고 나직이 말씀하시더군요.

"이렇게 되면 너와의 신뢰 관계가 깨지는 거야."

아버지는 제 손을 꼭 잡아주시고는 공부는 못해도 상관없으니 거짓말은 하지 말자고 말씀하시며 기도해주셨습니다. 저는 펑펑 울고 말았습니다. 죄송하다고, 다시는 거짓말하지 않겠다고 약속하고 또 약속했습니다.

"앞으로 점수가 어떻게 나오든 아빠가 그걸 가지고 뭐라 그러지는 않을 거야. 다만 정직함에 대해서만은 오늘 네가 약속한 바를 지켰으면 좋겠다.”

그날 밤 저는 이부자리에 누워 다시 아버지께 인정받을 수 있도록 열심히 공부해야겠다고 결심했습니다. 하지만 놀기 좋아하는 버릇이 쉽게 고쳐질 리는 없죠. 작심삼일이라고 다시 공부보다는 노는 데 정신이 팔렸습니다. 그래도 다음 시험에서는 일주일 동안 벼락치기를 해서 23등이 됐습니다. 무려 11등이나 석차가 오른 것입니다. 당당하게 성적표를 가져다드렸더니 어머니께서는 이제 중간은 왔다고 한숨을 내쉬더군요. 하지만 아버지께서는 성적이 오른 게 어디냐고 기뻐하시면서 다음 시험에서 20등 안에 들면 제가 원하는 것을 사주겠다는 약속을 하셨습니다.

신기하게도 다음 시험에서 정확히 20등을 기록해 경양식집에 갔습니다. 지금은 흔한 메뉴가 됐지만, 당시만 해도 경양식집에서 클래식을 들으며 칼질을 하는 돈가스는 어린이들의 로망이었어요. 어머니께서는 가계부 걱정에 20등은 ‘20등 안’이 아니라고 강력히 주장하셨지만, 다행히 아버지께서 인정해주셔서 우리도 칼질을 하게 됐습니다.

저는 성적으로 혼내지 않고 정직하지 않은 태도로 혼을 내신 부모님께 지금도 깊이 감사하고 있습니다. 성적이란 열심히 공부하면 오를 수 있는 것이지만, 정직이란 한번 흔들리면 되돌리기 힘든 품성이자 삶의 태도이기 때문입니다. 나쁜 짓은 처음 하기가 힘들지, 반복하기는 쉬운 법입니다. 한번 유혹에 빠진 마음은 이후부터는 너무나 쉽게 흔들리거든요. 그러니 어릴 적부터 저를 다잡아 주신 부모님이 어찌 고맙지 않겠습니까.

거짓말하는 아이 어떡해야 할까?

○

　　　　　　많은 부모님이 아이의 거짓말 앞에서 어떻게 행동해야 할지 몰라 갈팡질팡합니다. 아이가 거짓말을 할 때는 어떻게 해야 할까요?

저희 집은 첫째가 일곱 살, 둘째가 다섯 살, 셋째가 세 살입니다. 2년 터울로 아이들을 낳다 보니 집 안 풍경이 상상을 초월합니다. 아무리 치우고 또 치워도 뒤돌아보면 그대로입니다. 전쟁터가 따로 없습니다. 저와 동생도 어릴 때 저렇게 미친 듯이 놀았는지 궁금할 정도입니다. 부모님께서 우리를 어떻게 키우셨는지 그저 감사할 따름이죠. 덧붙여 아내에게도 머리 숙여 미안한 마음을 전합니다.

그중에서도 다섯 살 둘째 녀석이 그야말로 대박입니다. 고집이 얼마나 세고 짓궂고 재잘재잘 거짓말을 해대는지 따끔한 훈육이 필요하다고, 하루에도 수십 번씩 생각하게 됩니다. 누굴 닮아 저러는지 정말 모르겠습니다. 어머니께서 제 말을 들으셨다면 "누굴 닮긴 누굴 닮아. 그 씨가 어디 가냐?" 하고 한 소리 하시겠지만 말이죠.

그래도 아직까지는 아이들이 어리다 보니 혼을 내기보다는 이해하려고 노력합니다. 왜냐하면 나이가 어린 아이들은 의도적으로 거짓말을 한다기보다는 현실과 상상을 제대로 구분하지 못해 거짓말을 하는 경우가 대부분이기 때문입니다. 아직 성숙하지 못해 분별력이 부족하기 때문에 일어나는 현상이죠. 그래서 대부분 황당무계한 거짓말들을 늘어놓는데, 이럴 때는 나무라기보다는 아이의 눈높이에서 공감하고 이해해주는 게 중요합니다.

문제는 아이가 자라면서 자기가 한 일을 숨기거나 하지 않은 일을 했다고 하는, '일부러 부모를 속이는 의도적인 거짓말'입니다. 많은 자녀교육서에서 이야기하듯이 이때는 반드시 혼을 내야 합니다. 그냥 넘어가면 아이는 거짓말이 잘못이라는 걸 깨닫지 못합니다. 오히려 거짓말을 함으로써 혼날 일을 피할 수 있었기에 다음에도 거짓말을 해야겠다고 생각하게 되죠. 바늘 도둑이 소도둑 된다는

3강_ 정직이 삶의 그릇을 키운다

말이 괜히 있는 게 아닙니다. 거짓말을 하면 반드시 그에 따른 손해가 있다는 것을 가르쳐야 합니다.

단, 이때 전제되어야 할 게 있습니다. 바로 부모의 대처법입니다. 무작정 혼내는 게 아니라 아이와 소통하면서 잘못을 깨닫게 해야 합니다.

어릴 적 기억을 한번 떠올려보세요. 누구나 부모님께 크게 혼났던 적이 있을 텐데, 대개는 너무너무 억울한 기억이 아니던가요?

"내가 훔친 게 아닌데, 내 말은 들어줄 생각도 않고 매부터 들더라니까. 내가 다리 밑에서 주워온 자식이 아닐까 심각하게 고민했어."

"내 마음은 그게 아니었는데, 아빠가 버럭 소리를 지르니까 아무말도 못 했어. 그러니까 결국 진짜 내가 잘못한 게 되더라고."

"거짓말한 것은 맞아. 너무 당황스럽고 무서워서 그런 건데 나보고 어쩌라고? 엄마가 나를 따뜻하게만 바라봤어도 거짓말까지는 하지 않았을 거야."

다들 이런 기억 한두 개쯤은 가지고 있지 않은가요? 혼난 게 슬퍼서 기억나는 게 아니라, 어린 나를 이해해주지 않은 부모님이 너무 야속해서 수십 년 전의 일이 어제 일처럼 또렷한 거죠.

그런데도 부모님의 방식을 그대로 답습하는 사람이 많다는 게 안

타깝기만 합니다.

"잘못했지? 그럼 혼나야지!"

큰소리를 내고 잘못을 조목조목 지적하는 것이 훈육이라고 생각하면서 말입니다.

우선, 아이가 왜 거짓말을 하게 됐는지 이해하려고 노력해야 합니다. 어떻게 된 건지 물어보고 차근차근 이야기할 기회를 주어야 합니다. 아이가 과거의 우리처럼 당황해서 본능적으로 자신을 보호하기 위해 거짓말을 한 것은 아닌지 확인해야 합니다. 만약 보호 본능에서 비롯된 거라면 아이의 거짓말에 주목하고 혼을 낼 게 아니라, 아이가 어떤 상황에서 두려움을 느꼈는지를 살펴보고 이를 해결하고자 노력해야 합니다. 감정은 받아주고 잘못된 행동은 고쳐주라고 하지 않습니까? 달이 중요하지 달을 가리키는 손가락이 중요한 것은 아니니까요.

이렇게 소통이 되면, 혼을 내더라도 아이 스스로 자기가 잘못한 것을 인정하게 됩니다. 자기 잘못을 인정하면 따끔하게 혼을 내도 부모님을 원망하지 않습니다. 사랑하는 부모님에게 다시는 혼이 나지 않도록 노력하게 되죠. 거짓말하는 것이 나쁘다는 걸 명확히 깨닫게 되는 겁니다.

저는 회사를 경영하면서 직원들 중에 능력이 부족한 직원이 있어도 시간을 들여 기다려줍니다. 그래도 능력을 발휘하지 못하면 보직과 맞지 않는 것일 수도 있기에 다른 업무를 할 수 있도록 인사이동을 합니다. 그래도 능력이 떨어지면 직급을 변경합니다. 어떻게든 퇴직이라는 최악의 상황만큼은 피하기 위해 노력합니다.

하지만 일부러 거짓 보고를 하는 것은 절대 용납하지 않습니다. 능력이 부족한 것은 노력해서 채우면 되지만, 부정직한 것은 한번 눈감으면 회사 전체를 무너뜨릴 수도 있다고 생각하기 때문입니다. 정직은 아이가 자라 성인이 되어 사회생활을 할 때 더욱더 빛나는 품성입니다.

마지막으로 한 가지 덧붙이자면, 아이가 처벌을 무릅쓰고 정직하게 이야기하면 칭찬을 해줘야 합니다. 잘못을 했는데도 감추지 않고 이야기했다면, 그 용기 있는 행동에 대해서는 적극적으로 칭찬하고 합당한 보상을 주는 것이 좋습니다. 영어 속담에 "정직이 최선의 정책이다(Honesty is the best policy)"라는 말이 있듯, 정직하면 이익을 본다는 것을 어릴 때부터 알게 해야 합니다.

"

아이가 어떤 상황에서 두려움을 느꼈는지 살펴보고 이를 해결하
고자 노력해야 합니다. 감정은 받아주고 잘못된 행동은 고쳐주라
고 하지 않습니까?

"

정직이
최고의 정책이다

○

부모님이 제 몸과 마음에 새겨주신 '신뢰(믿음)'는 제가 지금까지 살아오는 데 너무나 큰 도움이 됐습니다. 제가 영어 강사로서 성공하게 된 데에도 큰 힘이 됐습니다. 아니, 정직으로 쌓은 신뢰가 없었다면 애초에 영어 강사가 되지도 못했을 것입니다.

저는 대학에 입학하면서 영어 강사가 되겠다는 목표를 세우고 공부를 시작했습니다. 함께 입학한 동기들이 신나게 놀 때 이를 악물고 영어 공부에 매진했죠.

우선 대한민국에서 영어 잘 가르친다고 소문난 강사들의 강의를 다 보자고 결심했습니다. 단지 유명 강사들의 강의를 보며 공부하는 것에서 그치지 않고, 하나부터 열까지 교재를 샅샅이 분석하고 심지어 똑같이 흉내를 내자고 계획을 세웠습니다. 무언가를 새로 배우려면 흉내를 내는 것부터 시작해야 한다고 생각했기 때문입니다.

당시 인터넷 영어 강의는 한 강좌가 10만 원 정도로 금액이 만만

찮았지만, 저는 쇼핑에 중독된 사람처럼 유명한 강사의 강의라면 무조건 구입해서 공부하고 연구했습니다. 심지어 잠을 잘 때도 강의를 틀어놓고 잘 정도였습니다. 강사의 말투까지 따라 하려고 노력했는데, 똑같이 따라 하다 보면 언젠가는 저도 그들처럼 멋진 수업을 할 수 있으리라 생각했기 때문입니다.

그렇게 몇 달을 죽으라 공부했더니 조금씩 영어가 보이기 시작했습니다. 이때껏 한 번도 느껴보지 못한 영어에 대한 재미까지 느껴지더군요. 공부 잘하는 아이들이 공부가 재미있다고 할 때마다 미친놈 쳐다보듯이 했는데, 그때 처음으로 깨달았습니다.

'아, 진짜 공부가 재미있을 수도 있구나!'

어릴 적 깨달았다면 더 좋았겠지만, 지금부터라도 열심히만 한다면 충분히 승산이 있다고 확신했습니다.

그런데 온종일 미친 듯이 영어 공부만 하다 보니 마음 한편에 욕심이 샘솟기 시작했습니다. 대학에 입학했으니 부모님께 계속 손을 벌리기가 민망해 아르바이트를 해야 할 것 같은데, 이왕이면 영어를 가르치면서 돈까지 벌자고 생각한 거죠. 가르치면서 배우는 게 가장 좋은 공부법이라는 말도 떠올랐습니다.

몇 달 공부한 게 전부였지만, 저는 넘치는 자신감으로 과외 전단을 만들었습니다. 그러고는 집 근처 눈에 보이는 전봇대와 담벼락마다 붙였습니다. 당장 여러 곳에서 연락이 와 학생을 가르치게 되리라는 꿈에 부풀었죠. 하지만 현실이 어디 그런가요. 며칠 동안 한 통의 전화도 오지 않는 것이었습니다. 낙담하고 있는데, 하늘은 스스로 돕는 자를 돕는다고 했듯이 생각지도 못한 우연한 기회가 찾아왔습니다. 당시 한 살 터울인 동생도 대학에 입학했는데, 종합학원에서 아르바이트를 하던 동생이 한 학생을 소개해준 것입니다. 다른 과목은 다 성적이 뛰어난데 영어 실력이 떨어져 과외 선생을 구한다는 것이었어요.

"형, 이 학생 가르칠 수 있겠어? 잘못 가르치면 나도 욕 왕창 먹는데…."

동생이 걱정 반 의심 반의 눈초리를 보냈지만 저는 단호하게 말했습니다.

"할 수 있어. 그 친구는 나 아니면 안 돼!"

동생이 황당해서 웃음을 터뜨리더군요. 하지만 제가 하고 싶다고 덜컥 할 수 있는 것도 아니고, 최종 관문이 남아 있었습니다. 바로 학생 부모님과의 면접이었죠.

그때 저는 이름 있는 강사도 아니었고, 네이티브 스피커처럼 회화가 능수능란하거나 토익·토플 점수가 높은 것도 아니었습니다. 한마디로, 뭐 하나 자랑할 만한 게 없었습니다. 학생 어머님께서도

일단 만나서 이야기나 한번 들어보자는 심정이었을 게 분명하니,
"잘 가르칠 테니 믿어주십시오!" 하고 무작정 들이댄다고 해서 과외
를 허락할 것 같지도 않았죠.

'무언가 차별화된 전략이 필요한데….'

나만의 강점, 나만의 차별화된 무언가가 필요하다는 생각이 들었
습니다. 그렇게 고민하던 저는 때마침 과외를 하던 친구들과 이야
기를 하다가 한 가지 이상한 점을 발견했습니다. 대부분의 친구가
학생 성적이 오르면 좋고, 아니면 어쩔 수 없다는 생각으로 과외를
하고 있다는 것이었습니다.

"과외비 받았으면 무슨 수를 쓰든 학생의 성적을 올려줘야 하는
거 아냐?"

제가 궁금해서 묻자 친구들이 '하, 이 녀석 또 시작이네' 하는 눈
으로 답답하다는 듯이 바라보더군요.

"야, 한 타임에 두 시간씩 한 달에 여덟 타임 해주면 됐지! 학생이
안 따라와 주는 것까지 어떻게 하냐? 멱살 잡고 두들겨 패기라도
해?"

친구들 말도 얼핏 그럴듯했습니다. 말을 물가에 끌고 갈 수는 있
어도 물을 마시게 할 수는 없다는 말처럼, 결국 공부는 학생의 몫이
니까요. 하지만 돈을 받았으면 받은 값은 해야 한다는 생각이 머릿

속을 떠나지 않았습니다.

'물가에 끌고 갔으면 물을 마시게 할 방법도 찾아낼 수 있는 거 아닌가? 멱살이라도 잡아야 하는 거 아닌가? 어쨌든 최저 시급보다 훨씬 더 받는데…. 내 생각이 틀린 건가?'

저는 그게 아버지께 배운 정직한 행동이라고 생각했습니다. 그렇게 고민하던 중 한 가지 아이디어가 떠올랐습니다.

'학생 성적이 오르든 말든, 학생이 공부를 하든 말든, 숙제를 해 왔든 안 해 왔든 일주일에 무조건 두 번이면 끝나는 과외가 아니라 학생이 공부를 하고 숙제를 하고 성적이 오를 때까지 무한 책임을 지는 과외를 한다면 어떨까?'

즉, 무한 재방문 시스템으로 무장해 학생들을 가르치면 될 것 같았습니다. 비록 제 영어 실력이 뛰어나진 않지만, 중요한 것은 선생의 실력이 아니라 학생의 실력을 올려주는 것이니 그만큼 정성을 다해 노력하면 되지 않을까 생각한 겁니다.

"히딩크 감독도 뛰어난 감독이지 뛰어난 선수는 아니잖아!"

며칠 뒤 학부모님을 만나 이런 생각을 말씀드렸더니 고민도 잠시, 흔쾌히 허락하시더군요. 젊은 친구가 기특한 생각을 한다고 칭찬까지 하셨는데, '약속처럼 열과 성을 다해 가르치는지 어디 한번 보자' 하는 속내가 얼굴에 그대로 드러나더군요.

그렇게 처음으로 과외를 시작하게 됐지만 솔직히 실력이 부족한 상태라 겁도 났습니다. 괜히 학생이 모르는 걸 물어 창피만 당하는 것은 아닌지, 소개한 동생까지 욕을 얻어먹는 것은 아닌지 걱정이 됐어요. 하지만 겁은 나도 도망칠 생각은 없었습니다.

그날부터 과외를 준비하면서 엄청난 노력을 기울였습니다. 인터넷 사이트의 유명 영어 강사가 하는 교수법을 파고 또 팠습니다. 두 시간 수업을 위해 열 시간이 넘게 준비했죠. 평소 같으면 하루가 걸렸을 분량을 서너 시간 만에 해치울 정도로 공부에 집중했습니다. 실력이 부족하면 정성이라도 쏟자며 이를 악물고 공부해가며 가르쳤죠. 약속한 대로 학생이 과제를 안 풀어 오면 풀 때까지 그 집을 드나들었습니다. 고액 과외가 아닌데도 그렇게 했습니다. 그게 정직한 거라고, 돈을 받았으면 성적이 오를 때까지 노력하는 게 마땅하다고 생각했습니다.

그러자 놀랍게도 과외를 시작한 지 두 달 만에 학생의 성적이 쑥쑥 오르기 시작했습니다. 어찌 보면 당연한 일이기도 합니다. 될 때까지 하는데 성적이 안 오를 리가 있겠습니까! 이런 제 정성에 학생 어머님께서도 무척 고마워하셨습니다.

"선생님, 정말 미안해요. 처음에는 젊은 선생님이 말만 그럴듯하게 하는 것은 아닌지 의심스러웠거든요. 정말로 이렇게 약속을 지킬지 몰랐어요. 고마워요, 선생님."

저를 좋게 본 학생 어머님께서는 그때부터 이 집 저 집 과외를 소개해주셨습니다. 진짜 괜찮은 과외 선생님이 있다고 말이죠. 그렇게 부족한 실력을 걱정하던 저는 첫 과외를 성공시켰을 뿐만 아니라, 갈수록 늘어나는 학생들을 가르치며 생각지도 못한 큰돈을 벌게 됐습니다. 정직한 노력이 큰 이득으로 돌아온 것입니다.

영악함보다 긍정적인
사고를 키워주라

○

첫 과외를 떠올려보면, 무슨 배짱으로 동생과 학부모님에게 과외를 할 수 있다고 했는지 헛웃음이 나올 정도입니다. 스스로 생각해도 단점이 아흔아홉 가지면 장점은 딱 한 가지, 미친 자존감 하나밖에 없었으니까요.

만약 그때 제가 현실적인 생각, 비판적이고 합리적인 생각을 가지고 있었다면 어땠을까 상상도 해봅니다. 그러면 과외를 시작하지도 않았을 테고 무엇보다 무한 재방문 시스템이라는, 다른 과외 선생님들이 보면 어처구니없는 생각을 떠올리지도 않았을 겁니다. 실제로 당시 얼마 안 되는 과외비를 받고 거의 이틀에 한 번꼴로 학생 집을 왔다 갔다 하다 보니 남는 돈이 거의 없을 정도였거든요. 적자가 안 난 것만도 다행이라고 생각했습니다. 그러나 결과물은 어떤가요? 정직과 노력을 인정받아 더 큰 이익을 얻게 됐습니다.

저는 그동안 정직한 행동이 당장은 손해를 보는 것 같아도, 결산 보고서를 쓸 때면 엄청난 이익에 깜짝 놀라게 되는 일을 숱하게 겪어왔습니다. 부정적이고, 비판적이고, 영악한 시각보다는 긍정적이고, 정직한 시각이 결국에는 이득이라는 사실을 현실에서 확인한 것입니다.

그런데 지금 이 순간에도 많은 부모님이 사랑하는 내 아이가 험난한 세상에서 살아갈 걱정에 말도 안 되는 조기 교육(?)을 하느라 바쁩니다.

"세상 정말 무섭다. 그러니 정신 바짝 차려야 해."

"오지랖 넓게 다른 애들 신경 쓰지 말고 너만 생각하는 거야."

"불쌍한 사람 봤다고 덥석 도와주면 안 돼. 잘못하면 큰일 나니까 봐도 못 본 척해야 해. 알았지?"

부모님들 심정을 왜 모르겠습니까. 당장 뉴스만 봐도 끔찍한 사건·사고가 난무하니까요. 개인 관계에서도 배신과 협잡이 비일비

재합니다. 그러니 아이들에게 "영악하게 살아야 해!"라고 강조하게 되는 거죠.

하지만 세상을 부정적으로 바라보고 영악하게 행동하는 게 정말 맞는 걸까요? 그게 정말로 성공의 지름길일까요? 오히려 남들은 다 그렇게 사는 세상에서, 자신만 다르게 산다면 그게 오히려 강점이 되지 않을까요?

제 지인들은 제가 대책 없을 정도로 긍정적인 사람이라는 점을 잘 알고 있습니다. 아무리 힘든 일이 찾아와도 하나님이 준 시련이라고 생각하며 기꺼이 받아들입니다. 하다못해 저는 책을 읽을 때도 책 내용을 있는 그대로 받아들입니다. 그래서 회사 직원들이 고개를 내저을 때가 한두 번이 아닙니다. 저자의 의견이라도 비판적인 사고로 바라보고, 아니다 싶은 지점은 반론을 해야 하지 않느냐고 말이죠. 하지만 저는 제 주장을 굽히지 않습니다.

"무슨 소리야. 이 저자가 나보다 훨씬 똑똑하잖아. 나보다 공부도 더 잘하고 아는 것도 많은데, 내가 어떻게 비판을 하냐? 하나라도 더 배워야 하는데."

피아노, 바이올린 같은 악기를 배울 때를 생각해보세요. 제일 먼저 하는 것이 무엇입니까? 바로 '카피'입니다. 똑같이 따라 하는 것이 배움의 첫 단계인 거죠. 그렇게 수없이 따라 한 뒤에야 나만의

믿음 주는 부모 자존감 높은 아이

것을 만들어갈 수 있습니다. 그때쯤 돼야 비판적인 시각을 가미해 자기만의 세계를 창조할 수 있죠. 처음부터 나만의 시각으로 무언가를 창조한다? 저는 불가능하다고 생각합니다. 처음 영어를 공부할 때도 저는 유명 인터넷 강사들의 수업을 들리고 보이는 그대로, 토씨 하나 놓치지 않고 따라 하려고 노력했습니다. 그게 실력 향상의 지름길이라고 생각했고, 실제로 어떤 방법보다 효과적이었습니다.

마찬가지로, 행복한 삶을 바란다면 행복한 삶을 따라 해야 하는 것 아닐까요? 행복한 삶이 현실적이고, 비판적이고, 영악한 삶인 걸까요? 제 생각이 바보 같은가요?

저는 부모님들이 아이들에게 긍정적으로 생각하고, 조금은 손해를 보더라도 착하게 살아가려고 노력하는 것이 현명한 방법이라고 가르치기를 바랍니다. 세상을 비판적으로 영악하게 바라보고 약게 행동하는 게 결국에는 손해가 된다고 가르치기를 바랍니다. 그래야 아이가 행복한 삶을 따라 배우며 마침내 행복해지지 않을까요?

그래도 의문이 드신다면, 다른 관점에서 생각해볼 수도 있습니다. 예를 들어 영악한 삶은 당장의 작은 이익을 가져다줄 수는 있지만, 눈앞의 이익만 좇다 보면 행동반경이 좁아질 수밖에 없습니다. 그러면 어떻게 될까요?

결국에는 도전하지 않게 됩니다. 영악하게 살라는 것은 바꿔 말하면 '이것 하지 말고, 저것 하지 마' 하는 로드맵 아닌가요? 아이에게 익숙한 길, 편한 방법만 찾으라고 하는 것과 똑같은 얘기입니다. 부모의 청사진이 아이의 감정을 좌우하는데, 그 감정이 행동을 낳고 행동이 결과를 만들어냅니다. 부모의 청사진이 '이거 하면 안 되고, 저거 하면 안 된다'는 식이라면 결과적으로 아이 역시 안전한 길로만 가게 됩니다. 과연 익숙하고 편한 길에서 성공과 행복을 만날 수 있을까요?

한 집단을 이끄는 사람 중에는 긍정적인 사고를 하는 이들이 많은데, 그 이유도 바로 이것입니다. 리더란 집단을 한데 묶고 공동의 목표를 이루기 위해서 멋진 비전을 제시하는 사람이죠. 그런데 비전이란 사실 현실적이고 비판적인 시각으로 바라보면 대부분 이뤄질 수 없는 망상처럼 보이기 마련입니다. 그래서 허황돼 보이는 비전을 보완하기 위해 비판적인 사고를 하는 사람을 참모로 두는 것이겠지요. 점진적인 발전으로 만족한다면 모르겠지만, 세상이 깜짝 놀랄 만한 성과를 이뤄내기 위해서는 비판적이고 영악한 사고보다 넓은 시야와 긍정적인 사고가 필요합니다. 많은 성공한 사람들이 긍정적인 사고의 중요성을 강조하는 것도 이 때문입니다.

힘들고 각박한 세상일수록, 그래서 모두가 영악하게 살아가야 한 세상을 부정적으로 바라보고 영악하게 행동하는 게 정말 맞는 걸까요? 그게 정말로 성공의 지름길일까요? 오히려 남들은 다 그렇게 사는 세상에서, 자신만 다르게 산다면 그게 오히려 강점이 되지 않을까요?

다고 말하는 세상일수록 더 정직하게 살아가는 게 정답이라고 아이에게 가르쳐야 합니다. 저는 부모님께 그렇게 배웠고, 그렇게 살려고 노력했습니다.

아이의 행복을 바란다면
정직을 물려주라
○

첫 과외부터 대박을 터트린 저는 대학 시절 내내 눈이 오나 비가 오나 과외를 뛰었습니다. 글자 그대로 '열과 성을 다해' 학생들을 가르쳤습니다. 몸은 피곤해도 학생들 성적 올리는 재미에, 그만큼 통장에 쌓이는 돈을 보는 재미에 힘든 줄도 몰랐죠. 과외 시간 때문에 점심을 거를 때가 많았고 저녁도 학생 부모님이 주시는 간식으로 때우기가 다반사였지만, 그러면서도 배가 불렀습니다.

하지만 과외 선생으로 잘나간다고 해서 계속 과외만 하는 것만큼 어리석은 일이 있을까요? 결국 그 길의 끝은 고액 과외 선생일 뿐이었습니다. 아무리 인기 있는 과외 선생이 된다 해도 제 목표로 향하는 길은 아니었습니다. 제 목표는 대형 인터넷 사이트의 영어 강사가 되는 것이었거든요. 그래서 생활비를 벌 정도로만 과외를 하고 우선 동네 학원에라도 지원해야겠다고 마음먹었습니다.

영어 강사를 구하는 학원을 찾아가 제가 과외를 하며 직접 만든 교재와 강의안으로 면접을 봤습니다. 경력이 전혀 없어선지 시범 강의를 요청하기에 수업도 했습니다. 강의실에 들어가니 아이들 뒤쪽으로 원장 선생님과 영어 선생님 두 분도 앉아 계셨죠. 저는 자신감 있게 강의를 시작했습니다.

"너희들 언제까지 ○○종합영어, ○○맨만 들여다볼래? 물론 최고의 교재지만, 수능시험에서 성적을 받는 데는 정말 필요 없다!"

수업이 끝난 뒤 알고 봤더니 하필이면 학원 부교재가 ○○맨이었습니다. 학원 교재가 쓸모없다고 이야기하니 얼마나 황당했겠습니까. 게다가 과외 경력은 있어도 학원 경력은 없는 젊은 대학생이 잘난 척을 그야말로 '오지게' 하고 있으니 뭐 저런 놈이 다 있나 싶었겠죠. 예상처럼 그날 밤 문자 한 통이 날아오더군요.

– 선생님과 저희 학원은 맞지 않는 것 같습니다.

저는 조금도 실망하지 않고, 밑도 끝도 없는 미친 자존감에 앞뒤

잴 것도 없이 곧바로 답신을 보냈습니다.

– 원장님은 지금 대한민국 최고의 인재를 잃으셨습니다.

그분들이 어떻게 생각했을지 눈에 훤합니다. 그 뒤로도 영어 강사를 찾는 학원 여러 곳을 찾아갔지만 저를 써주겠다는 곳이 없었습니다. 저의 자신감이 부담스러웠던 거죠.

하지만 저는 그럴수록 오히려 더 힘을 냈습니다. 당시 스타 강사들이 수강 기호를 만들어 유명세를 떨치는 걸 보고, 저도 '존'이라는 수강 기호를 정했습니다. 그러고는 과외를 하러 집을 나설 때마다 큰 소리로 외쳤습니다.

"어머니, 대한민국 최고 영어 강사 존 선생 갔다 오겠습니다!"

그러면 등 뒤로 어머니께서 혀를 차시는 소리가 들려왔습니다.

"어이구, 저 녀석은 지치지도 않아."

그러던 어느 날 고등학교 때 다니던 학원의 선생님한테서 '수원에 학원 열었으니 짜장면, 탕수육 먹으러 와' 하는 문자가 왔습니다. 이거다 싶었습니다. 선생님께 잘만 이야기하면 강의를 할 수도 있지 않을까 싶어 한걸음에 달려갔죠.

학원에 도착한 저는 오랜만에 만난 선생님과 반갑게 이야기를 나누다가, 용기를 내 강의를 하고 싶다고 말씀을 드렸습니다. 예상처럼 처음에는 말도 안 된다는 표정을 짓더군요.

"승원이 네가? 공부도 지지리 못하던 놈이 무슨 강의야?"

"선생님, 예전의 저를 생각하시면 안 됩니다. 저 지금 과외 선생으로 인기 짱입니다. 학원 수업도 잘할 자신 있습니다. 한번 믿고 맡겨봐 주세요."

저의 자신감 있는 모습에 선생님은 고민을 하시더니 이렇게 제안하셨습니다.

"그러면 중학교 1~2학년 네 명이 있는 작은 반을 한번 맡아볼래?"

강사료는 과외해서 받는 돈보다 턱없이 적었지만 언제까지 과외만 할 수 없다고 생각해 감수했죠.

제가 수업을 시작한 지 3~4개월이 지나자 예상처럼 아이들 반응이 좋아 금세 수강 인원이 늘어났습니다. 그래서 몇 달 뒤 제 성과에 맞는 강사료를 받을 수 있을 것 같아 말씀을 드렸더니 10만 원을 더 인상해주셨습니다. 제가 생각한 금액에는 훨씬 못 미치는 액수라 솔직히 실망감이 들었습니다. 하지만 그래도 아직은 신입이라서 그런 거지 조만간 인정받는 만큼의 강사료를 받을 수 있으리라 믿고 더 열심히 가르쳐 많은 아이를 학원으로 끌어들였습니다. 그러나 그렇게 수개월이 지난 후에도 고작 10만 원 인상이 전부였죠. 잡은 물고기에는 먹이를 안 주는 어장 관리도 아니고, 좀 너무하다 싶은 생각이 슬슬 들기 시작했습니다. 내가 너무 어필하지 않아 선생님께서 미처 신경을 못 쓰는 것은 아닐까 순진한 생각까지 했습니다. 그래서 솔직히 말씀을 드리면 무언가 변화가 있으리라 생각했지만 돌아온 것은 "젊은 애가 무슨 돈을 그리 밝히냐?" 하는 핀잔이 전부였습니다. 그때 깨달았습니다.

'아, 이게 사회생활이구나!'

슬슬 오기가 나더군요. 그래서 오히려 더 과감한 제안을 했습니다. 학생들 사이에서 인지도도 쌓였으니 저를 부원장으로 올려주면 최선을 다하겠다고 말이죠. 하지만 이번에도 역시 저보다 경력이 많은 선생님이 있기 때문에 부원장으로 올릴 수는 없다고 하더군요. 돈이 되는 과외까지 끊어가면서 박봉의 학원 강사를 하고 있는데, 이대로 포기하고 다시 과외나 할까 고민이 될 정도로 실망감이 컸습니다.

하지만 여기서 후퇴하면 인터넷 사이트 영어 강사라는 목표에 다가갈 수 없기에 어떻게든 이 판에서 해결책을 찾아야 했습니다. 어떻게 해야 할까 고민하던 차에 또 한 번의 기회가 찾아왔습니다. 이번에는 중학교 때 저의 학원 선생님이셨던 분이 의왕에서 학원을

믿음 주는 부모 자존감 높은 아이

하고 계신다는 소문을 듣게 되었습니다. 저는 한달음에 달려가 선생님께 학원 강사를 시켜달라고 했습니다. 어찌어찌 강사는 할 수 있었지만 월급은 지난번 학원과 다를 바가 없었습니다.

'세상이 바라보는 내 가치가 지금은 이것밖에 안 되는구나!'

실망보다는 다시 한번 오기가 불끈 솟더군요. 그때부터 두 학원을 오가며 '어떻게 하면 학생들이 쉽고 재미있게 영어를 공부하게 할 수 있을까?'라는 단 한 가지만 생각했습니다. 끊임없이 공부하고 연구하며 학생들을 가르치는 데에만 집중했습니다. 어떻게 됐을까요?

제 이름이 학생들 사이에 퍼지기 시작했습니다. 존 선생이란 젊은 선생님이 있는데, 진짜 귀에 쏙쏙 들어오게 재미있게 가르친다고 입소문이 난 것입니다. 그래서 다시 용기를 내어 원장 선생님께 제안을 했습니다. 학원에 중학생밖에 없는데, 제가 교재 만들고 전단이나 휴지 같은 홍보물도 만들어 영업해서 고등학교에 진학하는 아이들을 데려와 가르칠 테니 수익은 5:5로 나누자고요. 처음에는 마땅찮아하시던 원장 선생님이 결국에는 제 제안을 받아들였습니다. 그때 처음으로 제가 만든 교재로 수업을 시작하게 됐습니다.

수업 첫날, 저는 죽을 때까지 잊지 못할 이야기를 한 학생에게서 들었습니다. 당시 제 수업을 듣던 의왕시 갈매중학교에서 전교 1등

하던 친구가 수업이 끝나고 교무실에 와서 제게 이렇게 말하는 것이었습니다.

"그동안 여러 학원에서 수업을 받아봤는데, 선생님처럼 잘 가르치는 분은 처음이에요."

내가 틀리지 않았다는, 그동안의 내 노력이 헛된 게 아니었다는 생각에 하마터면 학생 앞에서 울 뻔했습니다. 그러나 평소처럼 자신감 넘치는 말투로 "쓸데없는 얘기 할 거면 들어가서 공부해"라고 말했죠.

저의 자신감은 그날 이후 더욱 높아졌습니다. 제가 생각해도 하루가 다르게 강의 실력이 쑥쑥 올라가더군요. 두 학원에서 가르치는 학생들 성적도 자연스럽게 올라갔고, 그러다 보니 수업을 듣는 아이들 중에서 개인 과외를 요청하는 상황까지 이르게 됐습니다. 어머님들이 전화를 걸어와 원하는 금액을 최대한 맞춰줄 테니 과외를 해달라는 것이었죠.

저로서는 돈을 벌 좋은 기회였습니다. 하지만 과외를 하려면 학원에는 비밀로 해야 한다는 게 마음에 걸렸습니다. 아버지는 당장의 이익 때문에 남을 속이는 일은 하지 말라고 가르치셨죠. 그래서 원장 선생님께 학원에 다니는 누구 누구가 개인적으로 과외를 부탁하는데 해도 되느냐고 솔직하게 말씀을 드렸습니다. 원장님 모르게 할 수도 있지만, 그건 제 양심에 걸리는 일이라 말씀드리는 거라고 이야기했죠. 저는 또 한 번 세상이 제 마음처럼 돌아가는 게 아니라는 걸 깨달았습니다. 과외가 인기를 끌어 학생들이 떨어져 나갈 걱정 때문인지 무조건 안 된다고 하시더군요. 아이들을 데리고 나가 과외만 해도 당시보다는 훨씬 더 많은 돈을 벌 수 있었지만, 또 한 번 욕심을 접고 학부모님들께 전화해 정중히 고사했습니다. "제가 여기서 일하면서 과외를 하는 것은 상도덕에 어긋나는 것 같습니다"라면서 말이죠.

하지만 정직하게 행동하고 노력하면 언젠가는 반드시 그만큼의 대가가 따라온다는, 오히려 묵은 이자까지 보태져 더 큰 대가가 따라온다는 것을 다시 한번 깨닫게 된 일이 찾아왔습니다.

2008년, 제게 수업을 받던 친구가 안산 동산고에 합격했으니 안산에서 과외를 해줄 수 없겠느냐고 연락을 해온 것입니다. 학생도 학생 부모님도 몇 번이나 부탁을 하기에 원장 선생님께 다시 물었더니 의왕시가 아니면 괜찮다고 허락하시더군요.

그런데 한 가지 고민거리가 머릿속을 복잡하게 만들었습니다. 제 과외 스타일이 원하는 진도까지 못 나가거나 학생이 숙제를 제대로 해 오지 않으면 될 때까지 무한 재방문하는 시스템인데, 저희 집이 있는 산본에서 안산까지 학생 한 명을 가르치기 위해 오가자면 수지타산이 맞지 않을 게 분명했던 것입니다. 그래서 학부모님께 3명의 학생을 모아주면 하겠다고 솔직히 말씀드렸습니다. 그랬더니 그날부터 그 학생과 학부모는 동산고에서 두 명의 학생을 더 찾기 위해 애를 썼습니다. 그러나 제가 유명하지 않아 저에게 과외를 받는다는 학생이 없었어요. 결국 세 명을 모으지 못했습니다. 그때 제가 지금도 잊지 못할 제안을 학생 어머님께서 하셨습니다.

"선생님, 저희가 세 학생 과외비를 다 드리겠습니다."

깜짝 놀랐습니다. 물론 수백만 원에 달하는 고액 과외도 즐비한 세상이지만, 저는 세 명의 과외비를 혼자 부담하기에는 너무 큰 금액이라고 생각했습니다. 한 가정에서 아이에게 사교육비를 그만큼 쓰려면 부모님은 얼마나 힘드실까 하는 걱정도 들더군요. 그래서 학생한테 말했습니다.

"우선 너희 집에 가서 어머니를 뵈어야겠다."

사실 그 친구가 살고 있는 형편을 확인해보고 싶었습니다. 왜냐하면 학부모님께 너무 큰 부담을 주고 싶지 않았기 때문입니다. 그런 절 보고 주위 사람들은 답답해했죠.

"돈 많이 받으면 좋은 거잖아. 그냥 눈 한번 감으면 되는 것을 왜 그러냐? 네가 성인군자라도 되냐? 남들 살듯이 살아, 좀!"

하지만 저는 제 행동이 옳다고 생각했습니다. 그래야 아버지 앞에서도 하나님 앞에서도 부끄럽지 않을 것 같았으니까요. 제가 옳다고 믿는 생각대로 사는 게 가장 행복한 길인데, 왜 그 길을 세상의 잣대 때문에 포기하겠습니까?

며칠 뒤 어머님을 뵈러 갔습니다. 몇백 평짜리 대형 찜질방을 운영하는 집이더군요.

"우리 아이가 하는 말 듣고 무척 놀랐어요. 과외비 부담 많이 안 되니 저희 아이 잘 가르쳐주시면 감사하겠습니다."

부모님의 정중한 부탁에 그제야 과외를 시작할 수 있었습니다. 그런데 바보 같은 오지랖이 또 어디 가겠습니까? 몇 번 수업을 하다 보니 그래도 지금의 과외비는 너무 과하다는 생각이 머릿속을 떠나질 않는 것입니다. 그래서 다시 한번 학생에게 제안을 했습니다.

"친구 두 명을 더 찾아서 그룹 과외를 하는 것은 어떨까? 그러면 한 사람당 3분의 1만 내면 되니까 부모님 부담도 덜어드릴 수 있잖아. 선생님도 그래야 부담이 없으니까 네 친구들 중에서 과외하고 싶다는 친구 있는지 한번 알아봐. 함께 공부하면 경쟁도 되고 오히려 더 좋을 수 있어."

지금 생각해도 제가 정직하다 못해 지나치게 순진 했던 것 같습니다.

그렇게 몇 개월 후, 학생이 그달에 있던 학교 시험에서 성적이 확

뛰어올랐습니다. 그러자 친구들이 이유를 물었고, 과외 덕분이라는 말에 친구들이 과외를 소개해달라고 하면서 자연스럽게 제가 생각했던 그룹 과외 인원이 채워졌습니다.

과외를 받는 학생들이 한 명도 빠짐없이 성적이 오르면서 또 다른 학생을 소개하고, 소개받은 학생들이 또 다른 학생들을 소개했습니다. 문제는 그러다 보니 어느새 엄청난 숫자가 되고 말았다는 것입니다. 우리 아이 잘 부탁드린다는 부모님 인사를 받다가 정신을 차리고 보니 그렇게 만들어진 그룹이 여덟 개나 되더군요.

많은 부모님이 아이를 학원에 보내놓고 전전긍긍합니다. 우리 아이가 수업은 제대로 듣고 있는 것인지, 공부는 안 하고 친구들과 놀고 있는 것은 아닌지 걱정이 태산이죠. 그래서 학원 선생님들에게 수시로 전화해 물어봅니다.

"저희 아이 맡겨놓고 인사도 못 드렸네요. 저희 아이 공부 열심히 하죠, 선생님?"

그러면 돌아오는 대답은 비슷비슷합니다.

"열심히 공부하고 있으니 너무 걱정하지 마세요."

"애가 수업 시간에 집중을 잘 못 하는데, 저희가 신경 쓰고 있으니 믿고 맡겨주십시오."

결국 부모님들은 현실을 파악하지 못한 채 비싼 학원비를 내면서도 아이를 그저 믿고 맡기는 수밖에 없습니다.

저 역시 비슷한 경험을 한 적이 있습니다. 중·고등학교 때 학원에 꾸준히 다녔지만 공부를 안 하니 성적이 오를 리가 없었죠. 그런데도 학원 선생님은 어머니와 통화할 때마다 우리 승원이가 공부 열심히 하고 있다, 노력하고 있다는 말씀만 했습니다. 그때마다 어머니는 한숨 나오는 성적표를 보고 고개만 갸웃하셨죠.

"학원에서도 공부 열심히 하는데 왜 성적이 안 오르지?"

그럴 때면 저는 '선생님은 왜 우리 엄마한테 거짓말을 하지? 난 학원에서 열심히 공부한 적 없는데?' 하고 생각했습니다. 저는 그때의 일들을 기억하며 학생에게 그리고 학부모에게 늘 정직하기 위해 노력합니다.

정직한 것은 손해가 아니라 이득임을 아이에게 가르쳐야 합니다. 정직하게 생각하고 행동하는 게 오히려 성공의 지름길임을, 행복은 그릇된 방식으로 얻을 수 없는 가치임을 아이들에게 가르쳐야 합니다. 그게 부모의 진정한 의무가 아닐까 생각합니다. '정직'이 아이를 키우는 데 너무나 중요한 교육 철학이기 때문입니다.

이 책을 손에 든 당신도 아이에게 존경받는 부모가 되고 싶지 않으신가요? 그렇다면 세상을 영악하게 살라고 가르치면 절대 안 됩니다. 그러면 아이는 정말로 영악한 눈으로 부모를 바라보게 됩니다. 결국에는 부모 자식 간의 관계가 이익과 손해를 따지는 관계가 되고 맙니다. 연일 뉴스 보도를 통해 알게 되는 부모 자식 간의 비극이 이렇게 시작되는 것은 아닌지 깊이 고민해야 합니다.

아이의 행복을 바란다면, 정직을 물려주어야 합니다. 아이가 자라 많은 사람을 만나고 자기만의 꿈을 꿀 때, 순수할 만큼의 정직은 큰 힘을 발휘하게 될 것입니다.

정직한 아이로 키우기

☑ 부모가 솔선수범하기

정직이란 한번 흔들리면 되돌리기 힘든 품성이자
삶의 태도다. 나쁜 짓은 처음 하기가 힘들 뿐이다.
어릴 적부터 정직함을 강조하고, 부모가 솔선수범하자.

☑ 의도적인 거짓말은 반드시 혼내기

일부러 부모를 속이려는 거짓말을 하면
반드시 혼을 낸다. 그냥 넘어가면 거짓말이
잘못이라는 걸 깨닫지 못한다.

☑ 아이와 소통하면서 잘못을 깨닫게 하기

무작정 혼을 내는 게 아니다.
아이가 왜 거짓말을 하게 됐는지 이해해야 한다.
감정은 받아주되 잘못된 행동은 고쳐주어야 한다.

아이가 자라서 자기만의 꿈을 꿀 때,
정직은 큰 힘을 발휘하게 될 것입니다.

꿈

꿈, 아이의 장점을
자극하라

꿈, 아이의 장점을 자극하라

　이번 시간에는 '꿈', '목표', '비전'에 관해 이야기해보고자 합니다. 사랑하는 자녀가 멋진 꿈을 꾸고, 미래를 향해 한 걸음 두 걸음 씩씩하게 걸어 나가게 하려면 어떤 도움을 주어야 하는지 부모님 입장에서 이야기해보고 싶습니다.

아이와 함께
같은 꿈을 꾸고 노력하기
○

부모님들 세대면 기억하실 텐데요. 예
전에는 새 학년으로 올라갈 때마다 가훈을 제출하곤 했죠. 가훈이
있는 집은 별 상관이 없지만, 가훈이 없는 집은 자식이 내민 종이에
아버지께서 고민을 하다가 '오늘 할 일을 내일로 미루지 말자'나 '가
화만사성(家和萬事成)' 같은 글을 적어주시곤 했을 겁니다.

학교에 가훈을 가져오는 날의 풍경이 기억나시나요? 아이들끼리
서로 가훈을 훔쳐보며 괜히 멋쩍게 웃던 기억도 남아 있겠죠. 저희
집은 가훈이 '겸손'이었는데, 아버지께서 흰 종이에 큼지막하게 써
주시던 두 글자가 또렷이 기억납니다. 저희 집 가훈은 왜 이렇게 짧
은지, 다른 친구들처럼 한문으로 길게 쓴 가훈을 은근히 부러워하

기도 했습니다. 겸손이라는 품성이 삶에서 얼마나 중요한지 몰랐으니까요.

그런데 언제부턴가 학교에 가훈을 제출하는 일이 사라졌습니다. 그래선지 가훈이 있는 집도 예전보다는 적은 것 같은데, 학교에 제출할 일이 없으니 가훈을 만들던 훈훈한 풍경도 사라진 거죠.

저는 가훈을 정하는 것만큼은 꼭 필요한 일이라고 생각합니다. 작게는 한 가정부터 크게는 기업, 나아가 국가까지 여러 개인이 모여 형성한 단체에는 그 단체를 이루게 된 목적과 나아갈 방향을 망라한 하나의 정확한 슬로건(slogan)이 필요하기 때문입니다. 이때의 슬로건이란 가정으로 이야기하면 가훈이 될 테고 기업으로 치면 사훈, 국가라면 헌법이나 통치 이념이 되겠지요. 이렇게 명시적인 슬로건이 있어야 그 안에 소속된 개개의 사람들이 한데 뭉쳐 제대로 힘을 발휘할 수 있습니다.

우리나라에서 좋은 가훈의 대표적인 예를 경주의 전통 명문인 최부자집에서 찾을 수 있습니다. 최부자집은 17세기부터 300여 년 동안 12대를 내려오며 만석꾼의 전통을 이어오다가, 마지막에는 지금의 영남대 전신인 대구대학에 재산을 전부 기증한 명가로 잘 알려져 있습니다.

'부자는 3대를 못 간다'는 옛말이 무색하게 무려 300년 동안 존경

127

받는 가문으로 이름을 떨쳤는데요. 여기에는 육훈, 즉 집안을 다스리는 여섯 가지 가훈이 큰 힘이 됐다고 합니다.

첫째, 과거를 보되 진사 이상의 벼슬을 하지 말라.
둘째, 만석 이상의 재산은 사회에 환원하라.
셋째, 흉년기에는 남의 논밭을 매입해 땅을 늘리지 말라.
넷째, 과객을 후하게 대접하라.
다섯째, 주변 백 리 안에 굶어 죽는 사람이 없게 하라.
여섯째, 시집온 며느리는 3년간 무명옷을 입게 하라.

높은 벼슬을 삼가고 재산을 쌓는 것도 중요하지만, 재산을 나누는 데 힘쓰고 근검절약해야 한다는 가훈이 최부자집을 대대로 존경받는 가문으로 만든 원동력이었습니다.

저희 회사 역시 1순위 사훈을 '진정성'으로 정하고, 사훈에 걸맞은 회사가 되기 위해 노력하고 있습니다. 매주 화요일이 되면 오전 11시부터 오후 3시까지 본사 직원뿐만 아니라 각 직영점의 모든 강사가 아프리카TV 라이브 방송에 접속해 전체 세미나를 진행하는데, 이 역시 진정성이라는 가치에 충실하기 위함입니다.

모든 논의에는 한 가지 전제가 깔려 있는데요, 회사가 정한 가치에 합치하는지 아닌지를 판단하는 것입니다. 가치가 회사의 나아갈 방향을 안내하는 거죠. 따라서 만약 가치와 맞지 않는 안건이 올라오면 당장 이득을 가져다준다고 해도 논의에서 배제하려 노력합니다.

실제로 사업을 하다 보면 쉽게 돈을 벌 수 있는 얄팍한 수들이 눈에 띄게 마련입니다. 성적 향상을 원하는 학생들의 간절한 바람을 그럴듯한 광고 마케팅으로 꾀어 매출을 끌어올리는 방법 또한 무궁무진합니다. 하지만 진정성 있는 회사로 키워내겠다는 회사의 방향과 어긋나면 과감히 배제합니다.

㈜디쉐어가 가파른 성장세를 보이는 데에는 이런 노력이 숨어 있습니다. 이는 어쩌면 당연한 일일지도 모릅니다. 대표만이 아니라 직원 모두가 비전을 공유하고, 그에 맞춰 올바른 방향으로 나아가려 노력하는 기업은 반드시 성공하게 마련이니까요.

이런 점은 가정 역시 마찬가지라고 생각합니다. 부모와 자식이 가훈(비전)을 정하고 공유하며 그에 맞게 살아가려 노력한다면, 그 가정은 행복하고 화목할 수밖에 없지 않을까요?

이를 위해서는 먼저 부모가 올바른 비전을 제시하고 비전을 이루기 위해 노력해야 합니다. 그러면 아이 역시 부모를 본받아 노력할 것입니다. 대표가 구성원들에게 비전을 제시하지 못하는 회사에 미래가 없듯이, 부모가 비전을 제시하지 못하면 자녀도 흔들리게 됩니다.

집의 가훈이 없다면, 자녀와 함께 가훈을 꼭 정했으면 좋겠습니다. 그리고 가훈에 담은 가치를 항상 공유하고 이야기하길 바랍니다.

부모가 흔들리면
아이도 흔들린다
○

부모님들과 상담하다 보면 두 가지 안타까운 경우를 보게 됩니다.

첫 번째는 지나치게 확신에 차 있는 유형입니다. 대학 입시를 앞둔 학생의 부모님에게서 특히 많이 보이는데요. 아이가 아니라 부모가 주체가 되어서 입시를 계획하는 것이 대표적인 모습입니다. 부모님들은 이렇게 말합니다.

"저희 애는 딱히 하고 싶은 게 없대요. 그래서 별다른 노력도 하지 않으니, 저라도 나서서 알아봐야죠."

"애한테 진로를 맡긴다고요? 뭘 모르시네. 애는 공부만으로도 머리가 터질 지경인데, 진로 생각할 겨를이 어디 있어요?"

"나이 어린 아이가 알면 얼마나 알겠어요? 힘은 들어도 세상을 조금이라도 더 산 부모가 이끌어줘야죠."

부모님들을 대상으로 아이의 대입 컨설팅을 진행할 때면 안타까울 때가 참 많습니다. 제가 가장 바라는 것은 부모는 아이에게 다양한 선택지를 제공하는 데서 그치고, 마지막 결정은 아이가 주도하는 형태이기 때문입니다.

그런데 부모가 뚝심이 있어 하나의 방향을 정하고 아이를 일관되게 끌고 가면 그나마 다행일지도 모릅니다. 확신이든 믿음이든 하나를 추구하다 보면, 어쨌거나 결과물을 손에 넣을 가능성이 있으니까요.

더 큰 문제는 두 번째 유형에서 발견되는데, 바로 이랬다저랬다 수시로 흔들리는 부모님입니다. 부모님부터 중심을 못 잡고 상황에 휩쓸리는 거죠. 실제로 현장에서 상담을 하다 보면 이런 유형의 부모님이 엄청나게 많다는 것을 알게 됩니다. 문제는 부모님이 진로를 수시로 바꾸니 아이가 혼란에 빠진다는 것입니다.

간단한 예를 들어보겠습니다. 현재 고3 학생들은 수학능력시험의 사회탐구, 과학탐구 영역에서 최대 2과목을 선택해 시험을 치릅

니다. 사회탐구 영역에서는 생활과 윤리·윤리와 사상·한국 지리·
세계 지리·동아시아사·세계사·법과 정치·경제·사회·문화 등
9과목 중에서 2과목을 선택하고, 과학탐구 영역에서는 물리Ⅰ·화
학Ⅰ·생명과학Ⅰ·지구과학Ⅰ·물리Ⅱ·화학Ⅱ·생명과학Ⅱ·지구
과학Ⅱ 등 8과목 중 최대 2과목을 선택해서 시험을 치르죠. 제2외
국어도 마찬가지입니다. 독일어·프랑스어·스페인어·중국어·일
본어·러시아어·아랍어·베트남어 중에서 1과목을 선택해 시험을
치릅니다.

　그런데 사회탐구, 과학탐구 영역에서 2과목을 결정해 공부하다
가 모의고사를 치렀는데 하나가 1등급, 하나가 4등급 나왔습니다.
그러면 아이 이전에 부모님부터 하늘이 무너진 듯한 반응을 보입니
다. 결국 아이는 부모의 강압에 못 이겨 4등급이 나온 과목을 다른
과목으로 바꿉니다. 선택 과목을 정할 때도 부모의 의견이 주를 이
룹니다. 지난 수능시험의 난이도 통계까지 찾아서 쉽게 점수를 딸
수 있는 과목으로 바꾸는 거죠. 물론 그렇게 과목을 바꿔 성공하면
다행이겠지요.

　그런데 다음 모의고사에서는 지난번에 1등급 받았던 과목이 3등
급이 되고, 지난번에 4등급이었던 과목이 1등급이 되는 경우가 생
길 수도 있습니다. 그러면 또 3등급 나온 과목을 부모님의 의견에

믿음 주는 부모 자존감 높은 아이

따라 갈아탑니다. 그야말로 시험 성적이 나올 때마다 아이의 미래가 획획 바뀌는 것입니다.

제2 외국어 영역도 마찬가지입니다. 해당 연도에 특정 과목이 쉽게 출제돼 성적이 높게 나오면 그쪽으로 우르르 쏠립니다. 이제껏 힘들게 공부했던 제2 외국어를 포기하고 말이죠. 몇 년 전부터 아랍어가 쉽게 출제되면서 최근에는 많은 학생이 아랍어를 공부하고 있죠. 평생 아랍 쪽으로는 한 번도 가볼 일이 없는 우리나라에서 아랍어를 공부하는 학생이 이렇게 많다는 것을 알면, 그쪽 사람들은 아마 깜짝 놀랄 것입니다.

흔들리는 부모 때문에 아이는 왔다 갔다 거의 모든 과목을 공부하다가, 결국에는 이도 저도 아닌 성적을 받는 사례가 정말 많습니다. 그동안 들인 시간과 노력을 생각하면 정말 한숨만 나올 뿐입니다.

이처럼 부모부터 흔들리면 아이는 자신의 꿈과 목표를 정할 수가 없게 됩니다. 심리적으로 늘 불안정하기 때문에 마음속으로는 원망하면서도 결국에는 부모님의 품으로 숨어들게 됩니다. 원망과 의존이라는 악순환이 발생하는 것입니다. 캥거루 부모니 헬리콥터 부모니 하는 신조어까지 있듯이, 우리 애는 나 아니면 안 된다고 푸념하면서 다 큰 아이를 끌어안고 살게 되는 거죠.

불안정한 부모 밑에서 자란 아이는 심리적으로 불안정할 수밖에 없습니다. 어쩌면 모든 문제는 아이 탓이 아니라 부모 탓일지도 모릅니다. 부모의 불안정이 아이에게 문제를 가져오는 겁니다.

머리를 맞대고
서로의 생각을 나누라
○

그렇다면 어떻게 해야 할까요? 무엇보다 부모님 자신이 완벽한 양육자가 아님을 인정해야 합니다. 부모가 된 것은 처음이기에, 부모라는 경험을 처음 해보는 것이기에 서툴 수밖에 없다는 사실을 받아들여야 합니다.

어느 책에서 성인으로 자란 아이가 어릴 적 부모님에게서 받은 상처에 대해 묻는 장면을 본 적이 있습니다.

"아빠, 어릴 적에 저한테 왜 그러셨어요?"

어느새 머리가 하얗게 센 부모님이 슬픈 표정으로 대답합니다.

"나도 아빠는 처음이었잖아."

처음이기에 서툴 수밖에 없고, 서툴기에 실수를 하고, 그 실수가 자식에게 상처를 주게 된다는 거겠죠. 아마 다들 수긍하실 겁니다.

믿음 주는 부모 자존감 높은 아이

하지만 마음으로는 자기가 부족하다는 걸 알면서도, 아이 앞에서 만큼은 어떻게든 완벽한 부모이길 꿈꿉니다. 자식한테 못난 모습을 보여줄 순 없다고 생각하기 때문이죠.

이때 아이는 크게 두 가지 유형으로 나뉩니다. 부모를 원망하고 미워하면서도 끝내 부모 품에서 벗어나지 못하는 아이가 첫 번째 유형입니다. 이처럼 자립심이 없는 아이는 나이가 들어도 성인이 되지 못합니다. 그저 외양만 어른인 아이로 평생을 살아갈 뿐이죠. 자신은 물론이고, 부모 입장에서도 정말 끔찍한 일입니다.

두 번째 유형은 부모에게서 극단적으로 멀어지는 아이입니다. 부모와 말을 섞지 않고, 자기 방에만 머물며, 모든 것을 혼자 생각 하고 혼자 고민하고 혼자 결정합니다. 심해지면 아주 사소한 문제 조차 부모의 관심을 간섭으로 받아들입니다. 이런 관계에서는 부 모와 자식 간에 큰 싸움이 벌어지거나 끔찍한 사고가 일어나기도 합니다.

가장 큰 문제는 두 유형 모두 대화가 사라져버린다는 것입니다. 부모 품을 떠나지 못하는 아이는 자기 의견이 없기에 무조건 부모 말에 따릅니다. 부모 품에서 완전히 떠난 아이는 오로지 자기 생각 만 정답이라고 여깁니다. 부모가 틀릴 수도 있고, 아이가 틀릴 수도 있지 않은가요? 그런데 대화가 사라지면 함께 머리를 맞대고 문제를 해결할 기회가 사라지고 맙니다. 겉으로는 한 가족이지만 속을 들여다보면 남보다도 못한 개인화, 파편화된 관계가 되어버리는 거죠.

학생들을 가르치다 보면 정말 말도 안 되는 상황을 많이 목격하게 됩니다. 심지어는 부모님과 말을 안 하고 SNS 메시지로만 대화하는 학생도 본 적이 있습니다. 얼굴 보고 대화하면 싸우기만 한다며 차라리 그게 편하다고 하더군요. 더 어처구니없는 것은 부모님도 자녀랑 싸우는 게 싫어서 이제는 똑같이 SNS로만 소통한다는 것입니다. 아이도 부모를 포기하고 부모도 아이를 포기한 관계라니, 그 가정의 미래가 걱정돼 한숨만 나올 뿐입니다.

그러나 갈수록 복잡해지는 사회에서 한 개인의 능력만으로는 문제를 해결하기 어려운 일이 많습니다. 부모님의 능력이 아무리 뛰어나다 해도 잘못된 정보를 받아들일 수도 있습니다. 아이의 경우에는 말할 것도 없죠. 아직 경험이 부족하기에 스스로 올바른 결정을 한다는 것 자체가 난센스일지도 모릅니다. 그러므로 함께 머리를 맞대고 문제를 풀어나가야 합니다. 백지장도 맞들면 낫다는 말이 있듯이, 혼자 끙끙대기보다는 두 사람이 머리를 맞댔을 때 더 나은 해결책을 도출할 가능성이 크기 때문입니다.

제가 회사를 경영하면서 여러 의견을 수렴하기 위해 노력하는 것도 바로 이런 이유에서입니다. 한 회사의 대표라는 직책에 오르면, 천하의 게으름뱅이도 부지런해질 수밖에 없습니다. 수많은 일이 쓰나미처럼 밀려드니까요. 그 바쁜 와중에도 여럿이 함께 모여 이야기를 나누다 보면 미처 생각지도 못한 해결책을 발견할 때가 있습니다.

이런 저의 습관은 어릴 적 가족 원탁회의에서 가져온 것입니다. 저희 가족은 어릴 적부터 원탁회의를 진행했습니다. 누군가가 안건이 있거나 고민이 있으면 모든 식구를 소집해 이야기를 나누었습니다.

아이의 미래가 걱정된다면, 가족이 함께해야 할 비전이 보이지 않는다면, 일단 함께 모여서 대화를 나눠야 합니다. 저는 저희 가족이 했던 원탁회의를 대한민국의 모든 부모님과 공유하고 싶습니다. 한 달에 한 번쯤은 집이 아닌 야외로 나가 새로운 풍경 속에서 새로운 기분을 느끼며 가족 간에 대화를 나눠보는 것은 어떨까요?

"

아이의 미래가 걱정된다면, 가족이 함께해야 할 비전이 보이지 않는다면, 일단 함께 모여서 대화를 나눠야 합니다.

"

꿈은 계속 바뀐다,
목표가 먼저!
○

또 하나 부모님과 아이가 함께 고민해
봐야 할 문제가 있습니다. 너무 이른 나이부터 아이가 꿈을 결정하
고, 부모님 역시 그에 맞춰 전력투구하는 것은 아닌지 생각해봐야
한다는 것입니다.

앞에서 이야기했듯이 저는 스무 살이 될 때까지 제가 학생들에게
영어를 가르칠 거라고는 상상조차 해본 적이 없습니다. 영어 강사
라는 꿈을 꾼 적이 없습니다. 영어 성적이 뛰어나 영어를 가르치면
성공할 거라 생각한 것도 아닙니다. 고등학교 때까지 제 영어 실력
은 그저 평균 수준이었습니다. 솔직히 고백하면 평균에서도 꽤 밑
이었죠. 그런데 황당하게도 스무 살의 어느 날, 그것도 대학에 떨어
져 재수를 하던 어느 날 갑자기 영어 강사가 되겠다고 결심했습니
다. 그리고 과외와 작은 보습학원 영어 강사부터 시작해 지금은 대
한민국 고등학생이라면 누구나 아는 영어 교육 브랜드를 운영하고
있습니다.

처음에는 대형 인터넷 강의 사이트의 영어 강사가 되겠다는 꿈을

꾼 게 전부였습니다. 사실은 그때까지 별다른 꿈도 목표도 없었습니다. 공부해서 대학에 가야 한다는 생각 외에 어떤 직업을 가지고 싶은지 깊게 고민해본 적도 없었어요. 명확한 목표 없이 되는 대로 살다가 재수를 하면서 처음으로 장래를 고민해봤습니다. 그리고 그때 제 눈을 단번에 사로잡은 게 대형 인터넷 강의 사이트의 강사였습니다.

어느 날 인터넷으로 유명한 강사의 강의를 듣고 있을 때였습니다. 당시는 인터넷 강의가 학생들 사이에서 대세 공부법으로 막 뜨던 때였는데, 열강을 한 뒤 잠시 쉬던 강사가 지나가는 말로 올해 자기가 내는 세금이 5억이라는 것이었습니다. 그 말에 눈이 번쩍 뜨였습니다.

'세금을 5억이나 냈다면 1년에 대체 얼마를 벌었다는 거야?'

순간 이거다 싶었습니다. 세금을 1년에 몇억씩 내는 유명한 인터넷 강사가 된다면 서울대, 연고대 나온 친구들이 뭐가 부럽겠느냐 하는 생각이었습니다. 제가 강사라는 꿈을 꾸게 된 계기가 바로 이것입니다. 멋지고 감동적인 시나리오가 있다면 좋겠지만, 이게 솔직한 제 고백입니다.

꿈은 정했지만 막막한 건 여전했습니다. 어떻게 해야 인터넷 강사가 될 수 있는지 아무것도 몰랐으니까요. 심지어 영어를 가르치

믿음 주는 부모 자존감 높은 아이

겠다는 목표를 세운 것도 아니었습니다. 단지 처음부터 대형 인터넷 업체의 강사가 될 수는 없으니, 내가 접근할 수 있는 작은 보습학원에서부터 학생들을 가르쳐보자고 생각한 게 전부였습니다. 보습학원이라도 학생들을 잘 가르쳐 성적을 올리면 소문이 날 테고, 그러면 규모가 큰 학원에서 스카우트 제의가 올 거라 예상한 거죠. 똑같은 방법으로 대형 학원에서도 성과를 내면 그때 대형 인터넷 강의 업체에서 연락이 오리라 생각했어요.

과목 고민은 그다음에야 했습니다.

"그런데 어떤 과목을 가르치지? 국사를 가르쳐볼까?"

국사가 쉬워 보여 동생에게 말해봤더니 강력히 반대하더군요.

"국사는 애들이 중요하게 생각하는 과목이 아니야!"

동생의 한마디에 고민 없이 접었습니다. 다음으로 떠오른 생각이 문과 출신이니 수학을 가르칠 수도 없고, 그나마 성적이 괜찮던 국어를 가르쳐볼까 하는 것이었습니다. 동생은 이왕 할 거면 문과 학생 위주인 국어보다는 영어를 해보는 게 어떻겠냐고 하더군요. 그때 제 반응이 어땠을지 짐작이 되시나요?

'내가 영어를 가르친다고?'

피식 헛웃음이 나왔습니다. 제가 가장 싫어하고, 따라서 성적도 바닥을 기는 과목이 바로 영어였기 때문입니다. 세상에서 가장 재미없고 지루한 일 중 하나가 영어 단어 외우는 거라고 확신하는 제가 영어를 가르칠까 말까 고민하다니 스스로도 어이가 없었죠. 그런데 문득 오기 비슷한 게 솟구쳤습니다.

'아니지, 나라고 영어 가르치지 말란 법도 없잖아? 열심히 공부하면 되지 뭐. 반기문 장관도 열심히 영어 공부해서 유엔 사무총장까지 됐잖아!'

당시 반기문 장관이 유엔 사무총장이 돼 대한민국이 들썩이던 때였거든요. 주위를 돌아보니 우리나라에도 영어 잘하는 사람이 정말 많더군요. 네이티브 스피커처럼 말하는 이들도 많고, 엄청난 실력의 번역가도 많았죠. 다들 하나같이 멋져 보였습니다. 저도 열심히 배운다면 그들처럼 되지 말란 법이 없을 것 같았습니다.

그렇게 조금은 황당한 이유로 저는 영어 강사라는 목표를 세우게 됐습니다. 지금은 플랫폼 기업을 이끄는 경영인이 되어 있죠. 그리고 계속해서 새로운 목표를 향해 달리고 있습니다.

요즘 우리나라 어린이들의 '워너비'는 뭐니 뭐니 해도 아이돌 그룹입니다. 강의를 하다가 아이들에게 "꿈이 뭐니?"라고 물어보면 '아이돌'이라고 대답하는 아이가 정말 많습니다. 기획사 오디션을 보거나 관련 학원에 다니며 꿈을 키우는 아이들도 많고요.

믿음 주는 부모 자존감 높은 아이

정말 멋진 일입니다. 나이 어린 유치원생이나 초등학교 저학년 학생이 확실한 꿈을 찾고, 꿈을 이루기 위해 부모님을 설득하고, 춤을 배우고 노래를 배운다니! 노력 끝에 마침내 꿈을 이룬다면, 그것만큼 멋진 스토리가 또 있을까 싶습니다.

그러나 기획사에 뽑히는 것도 낙타가 바늘귀를 통과하는 것만큼 어렵고, 그룹으로 데뷔하는 것은 그보다도 더 어렵고, 데뷔를 했어도 대중의 인기를 끌어 스타가 되는 것은 하늘의 별을 따는 것만큼 어렵습니다. 스타를 괜히 스타라고 부르는 게 아니겠죠. 결국 대부분 아이가 중도에 꿈을 접습니다. 그러고 나면 그들은 어떻게 될까요?

오랫동안 아이들을 가르치다 보니 아이돌 그룹을 꿈꾸다가 뒤늦게 대학 입시로 방향을 튼 아이들을 만날 기회가 몇 번 있었습니다. 그리고 그때마다 안타까움과 답답함에 한숨을 참곤 했습니다.

"선생님, 저 너무 늦은 거 아니겠죠?"

반짝반짝 빛이 날 만큼 잘생기고 예쁜 아이들이 세상 근심을 다 끌어안은 표정으로 이런 질문을 하니 저로선 답답할 수밖에 없죠. 하지만 그럴수록 아이에게 용기를 주려고 이렇게 말했습니다.

"너 진짜 공부 못했구나? 늦었다고 생각할 때가 가장 빠르다는 격언도 모르고 말야. 절대 안 늦었어. 지금부터 선생님 믿고 열심히 노력해보자."

그런데 이런 경우는 그나마 다행입니다. 어쨌든 꿈의 방향을 바꾸겠다고 마음먹었으니까요. 문제는 스무 살이 넘어서도, 아니 나이가 중요한 게 아니라 주위에서 보기에는 특별한 재능이 없는 것 같은데도 끝까지 꿈을 포기하지 못하는 이들입니다.

물론 아이돌이 못 됐다고 해서 인생이 실패했다는 소리는 아닙니다. 다만 하나의 꿈을 꾸는 동안 아이들이 흘렸던 땀방울과 시간과 노력이, 그들이 놓치고 만 멋진 기회들이 너무나 아깝다는 뜻입니다. 게다가 과감히 핸들을 틀 용기가 없어서, 이제껏 투자한 노력과 시간이 아까워 결국에는 낭떠러지로 달려가는 아이들을 볼 때면 더더욱 답답할 뿐이죠.

오늘도 많은 부모님이 아이들에게 열심히 묻습니다.

"우리 ㅇㅇ는 커서 뭐가 되고 싶니?"

아이들은 저마다 생각하는 꿈을 말합니다. 제2의 BTS나 트와이스를 꿈꾸는 아이부터 손흥민 같은 최고의 축구 선수가 되고 싶다는 아이, 류현진처럼 메이저리그를 호령하는 야구 선수가 되고 싶다는 아이, 최고의 셰프가 되겠다는 아이, 선생님, 의사, 판검사 등 그야말로 각양각색입니다.

하지만 저는 꿈에 너무 많은 기대치를 부여하는 건 어리석은 짓이라고 생각합니다. 프랑스의 작가 폴 발레리도 이렇게 말한 적이 있죠.

"꿈을 실현하는 최상의 방책은 꿈에서 깨는 것이다."

꿈을 꾸는 대신 눈을 똑바로 뜨고 깨어 있어야 합니다. 무엇보다, 꿈이란 언제든지 바뀔 수 있는 거라는 사실을 알아야 합니다. 꿈이란 너무 멀리 있어서 어렴풋이 보이긴 하지만 손을 뻗어서 잡을 수는 없는 대상입니다. 멀리 떨어진 이상향 또는 종착역이기에 가다가 포기할 수도 있고, 교차로에서 방향을 틀 수도 있습니다. 종착역에 닿기 전 수많은 간이역에서 방향을 바꾼다 하더라도 손가락질할 사람은 아무도 없습니다. 인생에는 하나의 길만 있는 것이 아니니까요. 프로스트의 〈가지 않은 길〉처럼 아이 앞에는 무수한 길이 놓여 있습니다.

그러므로 정말 중요한 것은, 꿈은 계속 바뀔 수 있다는 것을 기억하는 것입니다. 그리고 그 꿈을 위해 목표를 정해야 합니다. 아이가 꿈을 꾼다면, 그 꿈을 이루기 위해 어떻게 목표를 세우고 노력해야 하는지 부모님이 관심을 가지고 함께해야 합니다. 지금까지 살아오면서 경험한 일들과 식견을 바탕으로 보다 효과적이고 합리적인 목표 달성 방법을 조언해주면서 말이죠.

계속 바뀌는 아이의 꿈을 인정해주고 그것을 이루기 위한 목표를 구체적이고 명확하게 세우다 보면, 되는 이유뿐만 아니라 '안 되는 이유'도 뚜렷이 볼 수 있습니다. 그러면 헛된 꿈을 좇는 시간과 노력을 아낄 수 있습니다.

인정받고 싶다는
욕구를 자극하라
○

하나의 꿈에 매몰되는 것도 문제지만, 아예 꿈이 없는 것도 문제입니다. 많은 학부모님이 "우리 아이는 되고 싶은 게 하나도 없대요"라고 말씀하시는데요. 정말 그렇습니다. 아침마다 꿈이 바뀌는 꿈 많은 소년·소녀가 있는 반면, 아예 무엇이 되고 싶다는 생각조차 하지 않는 아이도 많습니다.

이런 아이들은 어떻게 해야 할까요? 인정받고 싶고 칭찬받고 싶다는 아이의 욕구를 부모님이 자극해주어야 합니다.

아이들은 '부모님이, 선생님이, 친구가 나를 인정해준다'는 것에서 엄청난 만족감을 느낍니다. 그리고 만족감을 계속 느끼고 싶다는 욕구가 동기를 부여해 계속 노력하게 되죠. 끊임없이 만족감을 갈구하게 되는 것입니다. 아이가 꿈이 없다고 말하더라도 무조건 다그쳐선 안 됩니다. 아이가 인정받고 있다는 느낌을 받을 수 있게 다른 분야에서 칭찬을 해주어야 합니다. 무엇이라도 좋습니다. 부모에게 인정받고 있다고 느끼는 순간, 아이는 이제까지 꾸지 않던 꿈을 꾸게 될 테니까요.

물론 반대로, 인정받고 싶다는 욕구 때문에 아이가 문제를 일으킬 수도 있습니다. 예를 들어 인정 욕구에 목마른 아이들은 가정에서 소외당한다고 느끼면 학교에서 친구들에게 스트레스를 풀기도 합니다. 평범한 아이가 갑자기 일탈 행동을 보일 때가 종종 있는데, 가정에서 자신을 인정해주지 않기 때문인 경우가 대부분이라는 아동심리학자들의 연구 결과도 있습니다.

인정받고 칭찬받는 경험을 하면 할수록 아이는 자신감을 갖게 됩니다. 자신감이 높아지면 인정받고 칭찬받는 일을 하려고 더 노력하게 되고요. 선순환이 이뤄지는 것입니다. 반대로 인정받고 칭찬받아본 경험이 없으면 자신감이 떨어지고, 떨어진 자신감은 아이를 더욱더 움츠러들게 합니다. 꿈을 꿀 생각조차 못 하고, 하루하루를 의미 없이 숨만 쉬면서 살아가는 악순환에 빠지는 거죠.

물론 하루아침에 달라질 수는 없습니다. 아이가 그렇게 되기를 바라는 건 부모의 지나친 욕심이죠. 한두 번의 인정과 칭찬으로 바꿔진 않습니다. 인정과 칭찬을 받고 자신감을 얻는 과정을 꾸준히 반복해야 합니다. 인정과 칭찬과 자신감이 조건반사처럼 연달으면서 일종의 습관처럼 자리 잡게 해야 합니다.

그런데 알다시피 습관을 바꾼다는 것은 정말 어려운 일입니다. 작심삼일이란 말도 있듯이 어른들도 습관을 바꾸기가 힘들지 않습니까? 그러니 아이들은 오죽할까요. 일상의 관성이 그만큼 무서운 겁니다. 그래서 저는 부모님들에게 더 구체적으로 조언합니다.

"인정받고 칭찬받는 경험을 아이가 최소한 하루에 한 번씩은 하게 해줘야 합니다."

그러면 이렇게 하소연하는 부모님들이 많아요.

"칭찬은커녕 욕이나 안 먹으면 다행인 앤데, 어떻게 인정하고 칭찬하나요?"

정말 그럴까요? 깊은 관심을 가지고 아이를 관찰하면 놀랄 정도로 많은 칭찬 거리, 인정 거리를 찾을 수 있습니다. 글씨를 또박또박 잘 쓴다는 점을 칭찬할 수도 있고, 하다못해 일찍 잠자리에 드는 것을 칭찬할 수도 있습니다. 아주 사소한 것들이어도 상관없다는 얘기입니다.

아이가 꿈을 꾸기를 바란다면, 나아가 구체적인 목표를 세우고 노력하기를 바란다면 부모님이 먼저 아이의 욕구를 자극하고, 그

"

아이들은 '부모님이, 선생님이, 친구가 나를 인정해준다'는 것에서
엄청난 만족감을 느낍니다. 그리고 만족감을 계속 느끼고 싶다는
욕구가 동기를 부여해 계속 노력하게 되죠.

"

욕구를 해소할 기회를 제공해야 합니다. 구체적인 근거를 들어 매일 인정해주시기 바랍니다. 아이는 그 인정을 위해 더 노력할 것입니다.

어떤 분야든지
1등을 한 경험이 중요하다
○

한번은 국내 최고 사립대학교의 경영대 교수님과 이야기를 나누다가 크게 공감한 적이 있습니다. 그분 얘기에 따르면 매년 경영대에 입학하는 학생이 300명인데, 이들의 학교생활을 오랜 시간 관찰한 결과 매년 안타까운 일이 되풀이된다는 사실을 알게 됐다는 겁니다.

300명 중에서 상위 30퍼센트의 학생들은 스스로 목표를 명확히 세우고 목표를 달성하기 위해 열심히 노력하는데, 대학에 입학한 뒤 경쟁에서 밀린 하위 30퍼센트의 학생들은 오히려 고등학생 때의 치열함을 잃고 방황하는 모습을 보인다는 것이었습니다. 300명 모두가 고등학생 때는 반에서 1, 2등을 다투던 우수한 아이들이었는데 경쟁에서 밀리는 순간 패배감에 사로잡혀 갈 길을 잃어버린다는 것이었죠.

모든 아이가 그런 것은 아니지만, 한 집단에서 하위권에 속하는 아이들은 대체로 자존감이 떨어집니다. 더욱 문제가 되는 것은 이전에 상위권에만 있었던 아이들은 변화한 현실을 좀처럼 받아들이지 못한다는 겁니다. 경험과 현실의 괴리감을 이기지 못하고 한창 꿈을 키워야 할 나이에 방황하게 되죠.

실현 가능성은 그리 크지 않지만, 만약 몇 년 정도의 기간을 설정하고 명문대를 졸업한 이들의 현재 위치를 추적해본다면 놀라운 결과가 나올지도 모릅니다. 실제로 주위를 둘러보면 명문대를 나오고도 자력으로 살아가지 못하는 사람이 의외로 많습니다. 숨어 있는 고학력 백수, 즉 '인텔리 백수'라고도 하죠. 눈은 에베레스트 꼭대기에 닿아 있는데, 현실은 마리아나 해구 수준이니 좀처럼 적응하지 못하는 것입니다. 입사와 퇴사를 반복하며 자기 수준에 맞는 곳을 찾지만, 그런 곳은 없기에 결국 반 포기 상태에 이르고 맙니다. 아이러니하게도, 눈만 높여놓은 게 살아가는 데 걸림돌이 되는 거죠.

이럴 땐 어떻게 해야 할까요?

눈을 낮춰 1등 할 수 있는 분야를 찾으면 됩니다. 하지만 생각처럼 쉽지가 않죠. 이미 머리가 익을 대로 익었기에 다른 사람의 충고를 따라 행로를 바꾸는 사람은 거의 없습니다.

혹시 아이가 무언가에서 1등을 한 경험이 있나요? 분야는 상관이 없습니다. 학교 시험일 수도 있고, 달리기나 줄넘기 같은 운동 종목일 수도 있습니다. 그림 그리기나 글쓰기 같은 예술 분야일 수도 있죠.

"엄마, 나 100점 받았어!"

"아빠, 오늘 달리기 시합 있었는데 내가 1등 했어!"

"엄마, 오늘 백일장에서 장원 됐어요!"

학교에서 돌아와 재잘재잘 떠들던 아이 얼굴을 기억하십니까? 아마도 세상에서 가장 행복한 사람의 표정이었을 겁니다. 너무나 환한 그 얼굴에 방금 전까지 어깨에 짊어지고 있던 근심 걱정이 모두 사라지는 것 같았을 거고요.

부모님이라면 모두 한 번쯤 경험해봐서 공감하리라 생각하는데요. 아이는 자기가 받은 100점 성적표, 1등 기록을 절대 잊지 않습니다. 몇 년이 흘러도 생생하게 기억합니다. 그래서 가끔은 부모님들을 곤란하게 만들 때도 있죠.

"엄마, 진짜 기억 안 나? 나 3학년 때 수학 수행평가 100점 받았었잖아!"

수학 시험에서 어떻게 한 번도 100점을 못 받느냐고 타박을 하다가 아이가 버럭 하는 소리에 그만 뜨끔해지죠. 부모님은 몇 년 전의 일이라 이미 까맣게 잊었지만, 아이는 생애 처음 경험한 찬란한 기억을 소중히 간직하고 있는 겁니다.

　1등 한 경험, 100점 받은 경험, 내가 최고였다는 경험은 아이에게 상상도 못 할 자신감을 심어줍니다. 그리고 한번 이겨본 아이는 또 이기기 위해 노력하게 됩니다. 꿈을 꾸게 됩니다. 그것이 1등 경험의 힘입니다.

다양한 경험을 제공하고
꿈의 경쟁력을 갖추게 하라
○

　　　　　　　　아이가 1등 경험, 내가 최고라는 자존감을 느낄 수 있는 경험을 하는 데에는 부모님의 역할이 중요합니다. 다양한 경험을 할 수 있도록 기회를 제공해야 하니까요.

　아이가 처음부터 운 좋게 1등을 거머쥔다면, 제 생각에 그 아이는 재능을 타고났을 가능성이 큽니다. 이런 아이들은 사실 혼자 내버려 둬도 알아서 잘 큽니다. 제힘으로 꿈을 찾고, 꿈을 이루기 위해 알아서 공부하고 노력합니다. 결과물도 부모님이 사사건건 간섭하는 경우보다 훨씬 더 좋을 거고요.

그러나 지금 우리가 함께 고민하는 아이는 성적이 기대치보다 낮고 공부보다는 놀기를 좋아하고 꿈보다는 잠을 좋아하는, 의욕 없이 하루하루를 살아가는 아이들입니다. 부모님이 올바른 방향과 비전을 제시하고 노력한다면 몰라보게 달라질 수 있는 아이들이죠.

아이를 변화시키려면 일상(日常)에서 벗어나 이상(異常)한 경험을 하게 해야 합니다. 꼴찌 하는 아이를 변화시키려면 1등 하는 경험을 제공해야 합니다. 낯설고 다양한 경험을 해야 그중에서 1등도 할 수 있고, 그러다 보면 꿈을 찾게도 됩니다. 이제까지 한 적 없는 고민을 하게 되고, 그러다가 멋지고 창의적인 아이디어를 떠올리게도 됩니다. 이에 대해 스티브 잡스가 한 말이 있습니다.

"우리 IT 업계에서는 다양한 인생 경험을 가진 사람이 별로 없다. 연결한 만한 충분한 '점'들이 없기 때문에 문제를 폭넓은 시각에서 다루지 못하고 매우 단선적인 솔루션을 내놓는다. 다양하고 광범위한 인생 경험이 있을수록 더 훌륭한 디자인이 나올 수 있다."

경험을 하나의 점이라고 가정하면, 스티브 잡스의 말은 이렇게 정리할 수 있습니다. 수많은 점을 찍다 보면 각각의 점을 선으로 잇고 싶어지고, 선으로 잇다 보면 생각지도 못한 결과를 만들 수 있다고 말이죠. 여기서 부모의 역할은 아이들이 다양한 점을 찍을 수 있도록 기회를 마련해주는 것입니다.

그런 점에서 보면 우리나라 부모님들의 경험 제공률은 A+ 학점을 드릴 만합니다. 아이를 별의별 학원에 다 보내니까요. 대입 수시 전형 상담을 하다 보면 기가 막힌 일을 수도 없이 보게 됩니다. 특이한 악기를 배워야 특기자 전형에서 유리하다는 정보에 듣도 보도 못한 악기를 배우는 아이들도 많습니다. 학종(학생부종합전형)을 잘 받는 노하우 목록은 일일이 파악하지도 못할 정도입니다. 그야말로 학부모님들이 진정한 학종의 시대를 열어젖힌 거죠. 그 덕에 저 같은 교육 업체가 나날이 성장하고 있지만 말입니다.

학원뿐만 아니라 젊고 똑똑한 부모님들은 인터넷 사이트를 비롯한 다양한 정보 획득 수단을 통해 아이에게 수많은 체험을 시킵니다. 돈이 없고 시간이 없어서 아이에게 경험을 못 시킨다는 것은 게으름뱅이 부모의 거짓말에 불과합니다. 돈이 없어도 발품을 팔며 노력만 한다면, 멋진 체험을 하게 할 기회는 얼마든지 있으니까요.

그런데 이처럼 세계 최고의 열의를 자랑하는 우리나라 부모님들이 종종 저지르는 치명적인 실수가 있습니다. 다양한 경험을 제공하는 것까지는 좋은데, 아이의 재능 유무를 부모님이 전적으로 판단한다는 것입니다. 아이는 바이올린을 좋아하는데, 엄마가 보기에는 재능이 없는 것 같아 첼로로 바꾸는 식입니다. 심지어 턱에 굳은 살이 생겨 얼굴이 못나 보일 수 있다며 그만두게 하는 부모님도 계십니다. 부모님도 자기 의견을 적극적으로 제시할 순 있지만 어쨌든 최종 선택은 아이의 몫이라는 것을 인정하지 않는 거죠.

그럼에도 다양한 경험을 통해 아이가 꿈을 찾았다면, 다음 단계는 무엇일까요? 그 꿈에 경쟁력이 있는지, 없다면 어떻게 해야 경쟁력을 갖출 수 있는지 부모와 아이가 함께 고민해봐야 합니다.

저는 영어 실력이 부족한데도 영어 강사가 되겠다는 꿈을 꿨습니다. 경쟁력이 있는 것도 아니었으니 어리석은 결정이나 마찬가지였죠. 하지만 저는 부족한 경쟁력은 나만의 장점으로 키울 수 있다고 생각했습니다. 실력은 모자라도 아이들을 잘 가르칠 수는 있지 않을까 생각한 것입니다.

강사는 해당 과목의 탁월한 실력도 중요하지만, 아이들이 쉽게 이해하도록 설명할 수 있는 강의력이 더 중요합니다. 대한민국의 내로라하는 소위 '1타 강사'를 떠올려보세요. 그 강사보다 훨씬 더 뛰어난 실력을 갖춘 강사가 없을까요? 아닙니다. 찾아보면 무척 많습니다. 하지만 학생들이 1타 강사를 선호하고 비싼 수강료에도 과감히 지갑을 여는 것은 그의 교수법이 뛰어나기 때문입니다. 효과적인 전달력, 아이들을 끌어들이는 퍼포먼스 능력 역시 강사의 실력이라는 뜻이죠.

저는 여기에 집중했습니다. 어릴 적부터 말 하나만큼은 청산유수라는 칭찬을 많이 받았거든요. 나만의 경쟁력을 발견한 것입니다.

그리고 충분히 계발할 수 있는 나만의 강점을 또 하나 발견했습니다. 유명 강사의 강의를 듣다 보니 한 가지 떠오르는 아이디어가 있었습니다. 바로 이것이었죠.

'나는 어릴 적 공부를 못했으니까 어렸을 때의 나를 이해시킬 정도로 가르치면 모두가 이해할 수 있겠구나! 그러면 대한민국 어떤 영어 선생님보다 훨씬 이해가 잘 되게 강의할 수 있겠어!'

과목의 지식을 뽐내는 강의가 아니라 학생들의 눈높이에 맞춘 강의를 하면 경쟁력을 가질 수 있으리라 생각한 것입니다. 공부를 못했다는 약점을 대번에 강점으로 바꾼 거예요. 실제로 제 강의에 학생들이 열광했던 가장 큰 이유가 바로 이것이었습니다. 어떤 학생이 들어도 100퍼센트 이해할 수 있다는 소문이 나니 학생들이 몰려든 것입니다.

부모는 아이가 꿈을 꿀 수 있도록 다양한 경험을 제공해야 합니다. 그러면 아이는 여러 가지 시도 속에서 적성에 맞는 꿈을 찾을 수 있습니다. 꿈을 찾았다면 거기서 그치지 말고 한 걸음 더 내디뎌야 합니다. 부모님과 아이가 함께 그 꿈이 경쟁력을 갖추고 있는지, 지금은 없다면 어떻게 해야 경쟁력을 갖출 수 있는지 고민해야 합니다.

작은 목표를
하나씩 이뤄가다 보면
○

또 한 가지 살펴봐야 할 문제가 있습니다. '아이들의 꿈을 이루기 위해 부모는 얼마만큼의 재원을 투자해야 하는가'입니다.

우리나라 사교육비 수준은 엄청납니다. 아이들 교육비가 매달 뭉텅뭉텅 빠져나갑니다. 그래서 오늘도 많은 부모님이 고민에 사로잡힙니다.

'교육비는 어느 정도까지 지출하는 게 적당할까?'

한마디로 인풋input과 아웃풋output에 대한 고민입니다. 회사에서 프로젝트 기안을 하는 것도 아닌데 정말 머리가 복잡해지죠. 사랑하는 내 아이의 장래를 위해 투자하는 것이니만큼 인색하게 굴고 싶진 않지만, 과연 어디까지 재정을 투입해야 하는지 답 없는 고민이 계속됩니다.

그중에서도 가장 안타까운 경우가 아이에게 올인하는 부모님을 볼 때입니다. 내가 힘들어도 내 새끼만 잘되면 괜찮다는 부모님도 정말 많습니다. 하지만 그 말이 정말 진심일까요? 부모님에게는 자기만의 삶이 없습니까? 그걸 다 포기하고도 행복을 부르짖는다면, 정신과를 찾아가야 할 겁니다. 아마도 '착한 부모 콤플렉스'라는 진단을 받을 겁니다. 영화나 드라마, 소설에서 희생하는 부모의 역할을 너무 많이 봐서 그렇게 하는 게 당연한 거라고 생각하게 됐을지도 모르고요.

저 역시 대한민국 사교육 열풍의 한 축을 담당하는 사람이지만, 부모님들께 이것 하나만큼은 꼭 말씀드리고 싶습니다. 절대로 가계에 부담이 되는 교육을 해서는 안 된다는 것입니다!

저희 어머니는 제가 고등학교 다닐 때 40만 원 이내에서 사교육 포트폴리오를 짰습니다. 아무리 원해도 그 이상의 돈은 지원할 수 없다고 못을 박으시면서, 그 안에서 필요한 과목을 알아서 선택해 수강하라고 저에게 전적으로 맡겼습니다. 제가 대학에 들어가 과외를 할 때, 바보 소리까지 들어가면서 학생들의 집안 형편에 맞는 과외비를 책정하려고 노력했던 것도 이 때문입니다. 가계에 부담이 되는 지출은 학생에게도 부모에게도 큰 짐이 될 수밖에 없으니까요. 이런 합리적인 지출 습관, 소비 습관이 부모와 아이 모두에게 필요합니다. 가정 형편과 맞지 않는 투자나 지출은 절대 해서는 안 됩니다.

저는 현재 남부럽지 않게 돈을 벌고 있어도 저희 가족이 생활하기에 부족하지 않을 만큼만 한 달 생활비 예산을 짭니다. 그러면 절대 충동구매나 과소비를 할 일이 없습니다. 회사 운영에서도 마찬가지입니다. 돈을 많이 벌면 펑펑 써대는 회사가 있는데, 저희 회사는 절대 그렇게 하지 않습니다. 가정도, 회사도 적절한 지출과 소비 습관을 가져야 지킬 수 있습니다. 아이의 장래를 위해 올인했다가 실패하는 바람에 가족이 해체되는 경우를 간간이 목격하지 않습니까? 그게 꼭 남의 일이라고만 여기지 말았으면 합니다.

그리고 투자를 한 만큼 아이에게도 정확히 알려줘야 합니다. 요즘 아이들은 매우 영리합니다. 지극히 현실적이기도 하고요. 그렇기에 아이에게 투자하는 돈이 얼마인지 직접 이야기해줘야 합니다. 요구하면 무조건 주는 부모 밑에서 자란 아이는 고마워하는 게 아니라 부모의 지원이 당연한 것으로 압니다. 결국에는 아무리 해줘도 모자란다고 불평하게 됩니다. 심지어 부모한테 능력 없다고 대놓고 말하는 경우도 봤습니다. 아이가 고마워할 줄 모르는 것은 부모가 그렇게 키웠기 때문입니다. 그러면 언젠가는 크게 후회하게 됩니다. 게다가 부모가 아무리 노력해도 아이에게 퍼주느라 밑 빠진 독에 물 붓기가 될 수도 있습니다.

하다못해 아이가 훗날 자기를 위해 뭘 해줬냐고 따질 때 자료라도 들이밀 수 있어야 합니다. 너를 위해 이만큼이나 해줬으니 부모 원망할 생각 말라고 당당히 말할 준비라도 해야 한다는 얘기입니다. 아이를 위해 모든 것을 희생할 수 있다는 이상한 정신 무장은 이제 그만 하시기 바랍니다. 부모의 행복이 있어야 아이의 행복도 있는 것이지, 부모가 불행한데 아이만 행복할 수는 없습니다. 가정의 형편에 맞는 교육 포트폴리오를 짜서 형편에 맞게 집행하는 것이 중요합니다.

비전, 꿈처럼 멋진 말이 또 있을까요? 하지만 만약 현미경으로 비전과 꿈을 들여다보면 멋있지만은 않다는 걸 알게 될 겁니다. 아름답지도 않을뿐더러 일정한 무늬를 보이지도 않을 겁니다. 꿈을 이루는 것은 하나하나 돌탑을 쌓듯이 체계적으로 만들어나가는 것이 아니기 때문입니다.

이것은 마치 사업을 하는 것과 비슷합니다. 회사는 회의를 통해 무엇을 하겠다는 목표를 정하고, 목표를 달성하기 위해 노력합니다. 하지만 그에 못지않게 우연히 찾아온 사업 기회나 아이디어도 중요시해야 합니다. '원래 생각한 게 아니니 배제해야 한다', '처음의 생각도 중요하지만 우연히 찾아온 기회를 잡아야 한다'로 의견이 갈려 팽팽히 맞설 수도 있는데요. 어느 쪽이 합리적인 선택이고, 성공 가능성이 클까요? 당연히 후자입니다.

꿈도 마찬가지입니다. 꿈은 정해진 게 아니라 언제든지 바뀔 수 있는 것입니다. 그러므로 부모님의 유연한 사고가 필요합니다. 아이와 머리를 맞대고 함께 대화하며 꿈을 꾸어야 합니다. 꿈이 없다면, 아이의 욕구를 끊임없이 자극해야 합니다. 아이가 인정받고 싶고 칭찬받고 싶다는 욕심을 부릴 때까지 아이의 장점을 자극하는 것입니다. 아이가 자신감을 얻을 수 있도록 다양한 경험을 제공해야 하며, 꿈에 경쟁력이 있는지도 날카로운 잣대로 확인해야 합니다.

한 번 더 말씀드립니다. 꿈은 언제든지 바뀔 수 있습니다. 중요한 것은 매 순간의 목표입니다. 작은 목표를 하나씩 이뤄가다 보면 어느 순간 꿈에 바짝 다가선 자신을 발견하게 될 겁니다.

꿈이 있는 아이로 키우기

☑ 부모가 먼저 중심 잡기

부모가 흔들리면 아이는 꿈과 목표를 정할 수 없다.
불안정하면 결국에는 부모의 품에 숨어들게 된다.

☑ 우리 집 가훈 정하기

가훈을 정하고 그에 담긴 가치를 공유한다.
부모와 아이가 함께 같은 꿈을 꾸고 노력하게 된다.
안건이 있으면 모든 가족이 모여 원탁회의를 한다.

☑ 인정하고, 칭찬하기

구체적인 근거를 들어 매일 칭찬하고, 인정한다.
최소한 하루에 한 번씩은 칭찬한다.

부모님의 유연한 사고가 필요합니다.
꿈은 언제든지 바뀔 수 있으며,
중요한 것은 매 순간의 목표입니다.

독서

왜 어렸을 때
책을 읽지 않았을까!

왜 어렸을 때 책을 읽지 않았을까!

이번 시간에 이야기하고 싶은 주제는 '독서'입니다. 타임머신을 타고 어릴 적으로 돌아갈 기회가 주어진다면, 당신은 무엇을 하고 싶습니까? 아마도 수많은 대답이 나올 텐데, 저는 책을 읽고 싶다고 대답할 것 같습니다. 어릴 적에 책을 읽지 않았던 게 나이를 먹을수록 후회가 되기 때문입니다.

제가 영어 강사를 목표로 스무 살부터 공부를 시작했을 때 가장 아쉬워한 것이 '왜 어렸을 적에 책을 읽지 않았을까!'였습니다. 영어 실력을 높이는 속도가 더뎠기 때문입니다. 어렸을 때 책을 많이 읽었다면 훨씬 빨랐을 텐데 말이죠.

고3이 되어서야 갑자기 대학에 가고 싶어져 발등에 불 떨어진 얼굴로 찾아오는 학생들이 있습니다. 저는 수능 모의고사 점수 대신 꼭 이걸 물어봅니다.

"어렸을 때 책 많이 읽었니?"

만약 "아뇨, 별로 안 읽었는데요"라고 대답하는 학생이라면 성적이 크게 오르지는 못하겠구나 생각합니다. 반대로 책을 많이 읽었다고 답하는 학생은 열심히 노력하면 성적이 쑥쑥 올라가리라고 예상합니다. 그 예상은 적중률이 꽤 높습니다. 독서를 많이 한 학생은 조금만 가르쳐도 성적이 눈에 띄게 올라갑니다.

책 읽는 아이와
책 읽지 않는 아이
○

　　　　　　　영어 과목만 따로 떼어놓고 생각해도
독서는 아주 중요합니다. 어떤 학생은 제가 열심히 가르치고 자신
도 열심히 공부하는데도 좀처럼 실력이 늘지 않습니다. 심지어 평
소 영어를 잘하는데도 수능시험만 보면 문제를 많이 틀리기도 합니
다. 그러나 반대로 조금만 공부해도 점수가 확 올라가는 학생도 있
습니다. 평소에는 영어를 잘 못하는데 이상하게 시험만 보면 성적
이 좋게 나오기도 합니다.

　그 차이는 책을 많이 읽었느냐 아니냐에서 옵니다. 왜냐하면
문장에는 유기성이 존재하기 때문입니다. 단어의 정확한 뜻을 몰
라 정확하게 해석하지 못해도, 전체 맥락을 어느 정도 이해할 수 있

으면 정답을 유추할 수 있는 거죠. 책을 많이 읽어 문장의 유기성에 익숙한 아이들은 영어 단어 1,000개를 외워도 3,000개의 힘을 발휘합니다. 어릴 적의 독서가 얼마나 중요한지 이해가 되시죠?

제게는 유치원 때부터 지금까지 함께하는 친구가 있습니다. 어렸을 적부터 동네가 좁다고 신나게 뛰어놀던 사이죠. 사내아이들이니 짓궂은 장난도 많이 쳐 부모님들께 혼도 참 많이 났습니다. 그런데 그 친구와 저 사이에는 큰 차이점이 하나 있습니다. 친구는 책을 많이 읽었고, 저는 그러지 않았다는 것입니다.

한번은 외출한 어머니께서 책 한 권을 가져오셨습니다. 어디서 어떤 연유로 가져오셨는지는 모르겠는데, 제목만큼은 또렷이 기억납니다. 《수호지》였습니다. 열 권짜리 세트 중에서 1권이었죠. 저는 한 번 만져보지도 않던 책이었습니다.

그런데 집에 놀러 온 친구의 눈에 그 책이 들어온 겁니다. 저는 게임을 하느라 정신이 없는데, 친구는 호기심에 책을 펴들더니 금세 빠져들더군요. 그리고 며칠 뒤 친구 집에 놀러 갔더니 《수호지》전권이 있는 거예요. 뒷이야기가 궁금해서 부모님을 졸라 샀다고 하더군요.

친구는 어렸을 적부터 책을 정말 많이 읽었습니다. 하지만 저는 어머니께서 책 좀 읽으라고 하면 도망치기 바빴죠. 책만 손에 쥐면

한 시간이고 두 시간이고 꼼짝도 하지 않는 친구를 통 이해할 수가 없었습니다. 집 밖으로 나가면 신나고 재미있는 것들이 너무나 많은데 말이죠.

그리고 몇 년 뒤 고등학교에 진학할 때였습니다. 저희가 살던 동네는 평준화가 아니라 고등학교가 1위부터 35위까지 나뉘어 있었습니다. 친구는 공부를 잘해 1위 학교에 진학했고, 저는 10위권에 겨우 드는 학교에 진학하게 되었습니다. 그렇다고 그 친구가 딱히 부러운 것은 아니었습니다. 워낙 어렸을 적부터 친구라 공부 잘한다고 부러워할 단계는 한참 전에 지났죠. 그로부터 3년 뒤, 저는 대학에 떨어졌지만 친구는 내신 점수가 낮았음에도 수능으로 당당히 연세대 경제학과에 합격했습니다.

당시에는 친구가 불리한 내신 점수에도 어떻게 명문대에 붙을 수 있었는지 이유를 몰랐습니다. 하지만 학원 강사 초기에 학생들을 가르치면서 정확히 알게 됐어요. 한 학생이 영어 실력 자체는 그리 뛰어나지 않은데 수능시험에서 영어 만점을 받았습니다. 어떻게 그럴 수 있는지 궁금해서 물어봤습니다.

"너는 단어 시험 보면 맨날 틀리더니 수능시험은 어떻게 만점을 받았냐?"

그러자 학생이 별것 아니라는 듯 이야기하더군요.

"대충 때려 맞히는 거죠."

"찍었다는 거야?"

"찍은 건 아니고, 영어 지문 쭉 읽으면 세세한 건 잘 몰라도 전체 맥락이 이해되잖아요. 그러니까 답은 맞힐 수 있는 거죠."

어떻게 그럴 수가 있냐고 물었더니 어렸을 때부터 책을 5,000권 넘게 읽어서 문해력(글을 읽고 이해하는 능력) 하나만큼은 자신 있다고 하더군요. 그때 어릴 적 친구 생각이 났습니다. 친구가 나쁜 내신 성적에도 수능 점수를 잘 받은 이유가 어렸을 때부터 책을 많이 읽어서였다는 것을 깨달은 거죠. 참고로 책 5,000권을 넘게 읽은 제 제자는 연세대학교 서반어학과에 입학했습니다.

그 뒤로 입시 현장에 오랫동안 몸담고 있다 보니 독서의 힘을 절실히 느끼게 됐습니다. 수능시험 전 과목, 즉 국어, 영어, 수학, 사탐 등에서 문장을 해석하는 문해력이 중요하다는 것을 말이죠. 국어나 영어 같은 언어 영역은 말할 것도 없고. 수학 역시 긴 지문이 많이 출제되기에 문해력이 부족하면 문제를 풀기가 힘듭니다. 사회탐구, 과학탐구도 마찬가지입니다.

예를 들어 사회탐구 영역에서 공자 이야기가 나왔는데 잘 알려지지 않은 지문이 제시됐습니다. 문해력이 뛰어난 아이들은 처음 보는 지문인데도 맥락을 파악해 공자가 한 이야기라는 걸 짐작하고 문제를 풀 수 있었습니다. 그러나 단순히 수업 시간에 인·의·예·지·신만 열심히 외운 아이는 공자가 한 말이라는 걸 짐작도 하지 못해 문제를 틀리더군요.

이처럼 어릴 적의 독서 습관은 대입 시험에도 큰 영향을 끼칩니다. 가면 갈수록 책을 읽은 아이와 읽지 않은 아이는 실력에서 차이를 보이게 됩니다. 그러므로 아이에게 어려운 수학, 영어 공부를 과도하게 시키는 것보다 책 읽는 습관을 들이게 하는 것이 훨씬 좋습니다. 독서일기를 함께 작성한다면 독서 습관이 더 일찍 몸에 배겠지요.

아인슈타인이 복리를 '인류 최고의 발명품'이라고 했다고 하죠. 이자를 받는 족족 원금으로 합쳐져 이자에도 이자가 붙는 복리는 시간이 길어질수록 상상을 초월하는 결과를 가져다줍니다. 마치 높은 산 위에서 굴린 눈덩이가 산 아래에 도달할 때쯤이면 집채만 해지는 것과 같죠. 독서는 공부라는 투자에서 복리와 같습니다. 어려서 한 권, 두 권 읽는 책이 어떤 대학에 가느냐를 결정할 것입니다.

"

입시 현장에 오랫동안 몸담고 있다 보니 독서의 힘을 절실히 느끼

게 됐습니다. 수능시험 전 과목에서 문장을 해석하는 문해력이 중

요하다는 것을 말이죠.

"

이게 진짜
독서의 힘

○

책을 읽는 습관은 시험 성적을 높이고 대학 이름을 바꿀 뿐만 아니라, 인생 자체를 성공으로 이끄는 데에도 큰 힘이 됩니다.

지인 중에 책을 좋아하는 분이 계십니다. 그분은 만날 때마다 주식 얘기, 골프 얘기, 술자리 얘기가 아니라 항상 어제오늘 읽은 책에 대해서 이야기합니다. 집에 있을 때도 대부분 시간은 부인과 함께 책을 읽는다고 하더군요. 그래서 아이도 부모를 따라 어렸을 때부터 책 읽는 습관이 들었다고 기분 좋게 웃으시는데, 정말 부러운 웃음이었습니다.

더 부러운 것은 아이가 혼자 힘으로 공부하는 법을 깨달아 학원도 안 다닌다는 것이었습니다. 부모님의 살림살이에 그만큼 보탬이 되는 아이가 기특하면서도, 한편으로는 학생들에게 강의해 돈을 버는 저로서는 마냥 기특해할 수만은 없다는 생각에 웃음이 나오더군요.

그런데 아이가 어느 날 혼자 책만 읽으니 논술 능력이 부족한 것 같다면서 논술 학원에 보내 달라고 했다는 겁니다. 그런데 거기서도 월등한 실력을 보였다는군요. 지인한테 그 말을 듣는 순간 무릎을 쳤습니다.

'그래, 이게 진짜 독서의 힘이야.'

독서를 많이 한 아이들은 주체적으로 사고하는 힘이 뛰어납니다. 그 밖에도 이해력과 포용력이 넓어지는 등 수많은 장점을 가지게 됩니다. 한 권의 책을 통해 저자의 다양한 경험과 사고를 흡수하는 것이니, 수천 권의 책을 읽었다면 수천 명의 경험을 간접 체험한 셈이니까요.

부모가 A부터 Z까지 일일이 챙기는 캥거루 새끼 같은 아이가 아니라, 자기 인생의 모든 문제를 제힘으로 결정하고 헤쳐나가는 아이라면 미래가 어떨지는 짐작할 수 있지 않을까요?

독서 습관은 좋은 대학에 진학하는 것뿐만 아니라 인생을 성공으로 이끄는 가장 든든한 힘이 됩니다. 부모라면 괜한 사교육보다 독서가 최고의 교육법임을 꼭 기억해야 합니다.

우리 아이 독서 습관 키우기

☑ 독서일기 함께 쓰기

독서는 국어만의 문제가 아니다.
영어, 사탐, 심지어 수학 등 모든 과목의 뿌리가 된다.
독서는 공부라는 투자에서 복리와 같다.

☑ 진짜 독서의 힘

독서를 많이 한 아이들은 주체적으로
사고하는 힘이 뛰어나다. 맥락을 이해하는 힘이 커지고,
이해력과 포용력도 넓어진다.

독서 습관은
좋은 대학에 진학하는 것뿐만 아니라
인생을 성공으로 이끄는
가장 든든한 힘이 됩니다.

겸손

배려하는
겸손한 아이로 키워라

이번 시간에 함께 이야기 나눌 주제는 '겸손'입니다. 앞서 말씀드렸듯이 저희 집 가훈이기도 합니다.

겸손은 사람과 사람 사이의 관계에서 아주 중요한 예절인데, 저는 학부모님들이 아이에게 겸손한 품성을 꼭 가르쳐주시기를 간곡히 부탁드리고 싶습니다. 나 자신만 생각하는 욕심 가득한 세상에서 '나 자신만이 아닌 상대방을 배려하는 겸손한 마음'을 가지면, 그 자체로 경쟁력이 되기 때문입니다. 갈수록 각박해지는 이 시대에는 겸손이 오히려 차별화된 경쟁력으로 꼽힙니다.

Modesty

인사만 잘해도
성공한다고?

○

밖에 나가면 성공했다고 부러워하는 소리들을 듣지만, 저는 지금도 저희 부모님을 만날 때면 항상 긴장이 됩니다. 저희 부모님은 자식을 가르칠 때는 환상의 복식조였습니다. 역할 분담이 어찌나 자연스러운지 공수의 밸런스가 기가 막히셨죠.

아버지는 가족을 먹여 살리기 위해 열심히 일하시는 대한민국의 전형적인 가장이었습니다. 저와 동생이 사람으로서 반드시 행해야 할 삶의 태도에 어긋남이 있으면 무서울 정도로 혼을 내셨습니다.

아버지는 정직과 겸손, 예절 같은 사람 사이의 관계에서 지켜야 할 태도를 항상 강조하시며 저와 동생이 바르게 클 수 있도록 가르

믿음 주는 부모 자존감 높은 아이

치려 노력하셨습니다. 어렸을 적부터 집에 손님이 찾아오면 무조건 현관까지 나가서 인사를 드려야 했습니다. 아무리 중요하고 바쁜 일을 하고 있어도 현관으로 달려 나가 허리 숙여 인사를 해야 했죠. 반대로 손님이 가실 때는 집 안에서 인사하는 게 아니라 집 밖까지 따라 나가 공손히 인사를 드려야 했습니다. 손님이 보이지 않을 때까지 집에 들어가지 않고 배웅해야 했죠. 또한 아버지께서는 남의 집을 방문할 때면 절대 빈손으로 가서는 안 된다고 하셨습니다. 상대방이 괜찮다고 극구 사양하더라도 하다못해 과일 하나라도 가져가야 한다고 강조하셨습니다.

특히 제가 사업을 시작하고 나서는 모르는 사람, 처음 만나는 낯선 사람이라도 소홀해서는 안 된다고 저를 보실 때마다 말씀하셨습니다.

낯선 두 사람이 있다고 할 때, 각자의 인맥을 대여섯 명만 거슬러 올라가도 양쪽이 다 아는 사람이 있다고 하죠. 처음 만나는 사람도 잘 알던 사람처럼 예의를 다해 인사를 하라는 아버지의 가르침과도 연결되는 것 같습니다. 인정을 베풀면, 하다못해 정성을 다해 인사라도 잘하면 당장은 아니더라도 돌고 돌아 결국은 내게 도움이 된다는 뜻이죠.

이처럼 아버지가 부드러운 듯 강하게 저희를 가르쳐주셨다면, 어머니는 매우 엄격하셨습니다. '엄모(嚴母)가 자식을 바르게 키운다'는 말이 있는데요. 저는 지금도 어머니를 만날 때면 잔소리를 들을 각오부터 다집니다. 어머니는 어렸을 때 저와 동생이 버르장머리 없는 행동을 할 때면 눈물이 쏙 빠지도록 혼을 내셨습니다. '싸가지 없는' 행동은 절대 그냥 지나치지 않으셨죠. 제가 사업을 시작하고 승승장구함에 따라 어머니의 잔소리도 점점 더 심해지셨는데, 성공할수록 잘났다고 고개 뻣뻣이 드는 교만한 행동을 하지 말라고 귀에 못이 박이도록 말씀하십니다. 익을수록 고개를 숙여야 한다는 것이었죠. 요즘에는 매출이 수백억 원대를 기록하니 어머니의 잔소리도 그만큼 더 많아지고 있습니다. 특히 사람을 대하는 법에 대한 걱정이 갈수록 커지는 것 같습니다. 사업이라는 게 원체 수많은 사람과 만나는, 그것도 서로의 이익을 위해 다투는 일이 잦기에 조심 또 조심해야 한다고 생각하시는 겁니다.

"사람이 찾아오면 아무리 바빠도 만나줘야 하는 거야. 네가 잘났으니 찾아오는 거지, 못났으면 찾아오겠니? 그러니까 만나기 싫은 사람도 일단 만나서 이야기를 들어주는 게 중요한 거야. 특히 절대 돈 많다고 거들먹거리지 말아야 해."

이런 부모님의 가르침 때문인지 저와 동생은 사업을 시작하면서도 최대한 몸을 사렸습니다. 그래서 오해도 많이 샀죠. 한번은 사업

초기 매출이 급격히 뛰어오르자 재무관리회사에서 재무관리에 대해 컨설팅을 해준다고 회사로 찾아왔습니다. 미리미리 고객을 유치할 생각이었던 듯합니다.

그런데 당시 저희 회사 사무실이 안산에서도 임대료가 낮은 편인 본오동에 있었습니다. 본오동에서도 가장 저렴한 30평짜리 사무실이었는데 보증금 2,000만 원에 월세 50만 원을 내고 있었죠. 사무실 인테리어도 최소한의 것만 했고, 대표이사실이라고 다를 것도 없었습니다. 저렴하면서도 실용적인 책상과 의자가 전부였죠. 그 탓인지 회사를 방문한 컨설턴트 얼굴이 눈에 띄게 찌푸려지더군요. 매출이 꽤 높은 데다가 발전 가능성도 높은 사업 콘텐츠를 가진 회사로 알고 한껏 기대를 품고 찾아왔는데, 보이는 풍경은 구멍가게 수준이었으니 말입니다. 결국 저희 회사를 제대로 파악할 생각도 안 하고 30분 정도 건성으로 이야기하다가 그냥 돌아가더군요. 회사가 이렇게 커진 걸 보고 후회막심하지 않을까 싶습니다.

어렸을 적부터의 부모님 가르침을 따라 누구를 만나든 마음을 다해 반갑게 인사하고, 제가 이뤄낸 성취에 취해 거들먹대지 않으니 사업도 술술 잘 풀리더군요. 특히 사업에 어려움이 닥칠 때면 신기하게도 도움을 주는 분들이 어디선가 나타나는 거예요. 처음에는 우연한 일인 줄로만 알다가 '내가 뿌린 씨앗이 열매가 되어 돌아온 것'임을 알게 됐습니다. 평소 겸손하게 행동하지 않았다면 절대 받을 수 없는 도움이었던 겁니다.

물론 겸손하지 않아도 빛나는 능력과 재능만으로 사업에 성공할수는 있습니다. 그러나 사업을 하다 보면 반드시 어려움이 찾아오기 마련이고, 평소 겸손하지 않은 사람은 그럴 때 도와줄 사람을 찾기 어렵습니다. 도움을 받기는커녕 '잘난 척하더니 꼴좋다' 같은 이야기나 안 들으면 다행인 거죠.

감사하는 마음에서 행복이 시작된다
○

저 역시 사업에 성공하면서 물질적인 풍요로움에 취하고 싶을 때가 가끔 있습니다. 사업의 성공이 내 능력 덕분이라는 자만심이 생길 때도 솔직히 있습니다. 하지만 그때마다 정신이 번쩍 들게 저를 붙잡아주는 기둥이 있으니, 바로 부모님의 가르침입니다.

제가 1년 매출만 수백억 원에 달하는 회사를 경영하면서도 작은 돈에 대해 정확히 예산을 세우며 사는 것은 어릴 적에 가계부를 쓰시던 어머니의 모습을 보았기 때문입니다. 제가 살아가면서 빚을 지지 않고, 돈을 벌면 일정액을 떼어 무조건 기부하고, 술·담배를 하지 않는 것 역시 부모님이 그런 모습을 보여주셨기 때문입니다. 제 아이에게 지키지도 못할 약속 함부로 하지 않고, 약속을 했으면 어떻게든 지키려 노력하는 것도 부모님께 배운 거죠.

그 탓에 너무 고지식하게 사는 것은 아니냐는 말을 들을 때도 있습니다. 한번은 회사에 방문한 외부 투자자가 제게 이렇게 물은 적이 있습니다.

"술도 못 마시고, 담배도 안 피우고, 골프도 안 하세요? 정말 취미 생활도 따로 없이 일만 하시는 겁니까?"

한 회사에 투자를 할지 말지 결정하기 위해서는 재무제표를 비롯해 다양한 자료를 세밀히 살피는 것 못지않게 경영자의 경영 태도를 살펴봅니다. 일반적인 경영자들과는 조금은 다른 제가 이상하게 보였겠죠. 하지만 저는 정말 일 자체가 재미있기에 별다른 기호나 취미가 없어도 전혀 상관이 없습니다. 친구들이 술을 못 마셔 술자리 예절을 모르고, 담배를 못 피워 담배 예절도 모르고, 골프를 치지 않으니 골프 에티켓도 모른다고 우스갯소리를 하는데 그럴 때면 어깨만 한 번 으쓱할 뿐입니다. 그런 것 없어도 충분히 하루하루가

"

정말 나를 행복하게 하는 것은 내 안에 시기, 질투, 욕심이 아니라
'감사하는 마음'이 있기 때문이라고 생각합니다.

"

즐겁기 때문이죠.

진심으로 '내가 진짜 대단하지 않은데도 대단한 일을 하고 있구나!'라는 생각에 하루하루가 너무나 감사하고 행복합니다. 저는 멋진 성공을 이뤄내 행복한 것도 있지만, 사람들이 나를 알아주고 인정해줘서 행복한 것도 있지만, 돈을 많이 벌어서 행복한 것도 물론 있지만, 정말 나를 행복하게 하는 것은 내 안에 시기, 질투, 욕심이 아니라 '감사하는 마음'이 있기 때문이라고 생각합니다.

상상해보세요. 아무리 성공해서 돈을 많이 벌어도, 그 마음이 시기와 질투에 사로잡혀 있다면 어떨지 말입니다.

그렇기에 저는 매일 아침 감사한 마음을 갖습니다.

"제가 아무것도 아닌 사람임에도 불구하고, 좋은 기회를 주신 것에 감사드립니다. 이렇게 말도 안 되는 성공을 이루어낼 수 있음에 감사드립니다. 좋은 기회를 주셨으니 최선을 다해 살겠습니다."

성공이 나만의 재능과 힘 덕분이 아니라 하나님부터 시작해 나를 아껴주시는 부모님과 주위 동료들의 덕이라고 생각하기에, 교만의 덫에 빠질 일이 없습니다.

아이가 버릇없고 나쁜 행동을 하고 거짓말을 해서 걱정이라면, 아이가 무엇을 보고 자라는지부터 생각해야 합니다. 혹시 부모님 자신이 그 나쁜 행동을 하면서 살고 있는 것은 아닌지 깊이 성찰해야 합니다. 아이를 바르게 키우고 싶다면 부모 자신부터 겸손하게 행동하고 모범이 되는 삶의 모습을 보이면 됩니다. 아이를 닦달할 게 아니라, 부모부터 바르게 살아야 한다는 얘기입니다.

나 자신만 생각하는 욕심 가득한 세상에서 나 자신만이 아닌 상대방을 배려하는 겸손한 마음을 가질 수 있을 때, 아이는 자기 자신만 생각하는 영악한 아이들 속에서 홀로 눈부시게 빛날 것입니다.

밀음 주는 부모 자존감 높은 아이

배려와 겸손을 아는 아이로 키우기

☑ 부모 먼저 바르게 행동하기

부모는 아이의 본보기다.
아이가 나쁜 행동을 하고 거짓말을 해서 걱정이라면,
나는 어떤 모습인지부터 생각해야 한다.

☑ 인사 가르치기

인사는 사람 관계에서 지켜야 할 태도의 기본이다.
배려와 겸손이 경쟁력이 되는 시대다.
돌고 돌아 결국은 자신에게 도움이 된다.

☑ 감사하는 마음 갖게 하기

행복은 '감사하는 마음'에서 시작된다.

배려하고 겸손한 마음을 가진 아이는
행복한 어른으로 자랄 것입니다.

나눔

나눔의 행복을
유산으로 물려주라

마지막으로 부모님들과 이야기할 주제는 '나눔'입니다.

어릴 때가 아니면 절대 제대로 배울 수 없는 것들이 있습니다. 어른이 된 다음에는 배우더라도 몸에 깊이 스며들지 못하고, 맞지 않는 옷을 입은 듯 어색한 것들이 있죠. 대표적인 예로 책 읽는 습관을 들 수 있는데요, 제가 거듭 강조한 정직 역시 마찬가지입니다. 또한 나눔, 봉사의 가치 또한 웬만한 일이 아니면 어른이 되어서는 쉽게 실행할 수가 없습니다.

아이가 돈도 많이 벌고 행복하기를 바란다면, 저는 정반대로 돈을 나누고 다른 사람의 행복을 위해 노력하는 모습을 부모가 보여주어야 한다고 생각합니다.

커다란
행복의 맛
○

　　　　　　　리포터가 대박식당을 찾아가 현장에서
진행하는 TV 프로그램이 있습니다. 서민 갑부들을 찾아가는 프로
그램도 있죠. 그 외에도 비슷비슷한 포맷의 프로그램이 많이 있습
니다. 이들 프로그램에서는 자신이 선택한 길에서 열심히 노력한
끝에 세상의 인정을 받고, 돈도 많이 벌며 행복하게 사는 분들이 등
장합니다.

　그런데 손님들의 발길이 끊이지 않는 식당에서 젊을 때부터 머리
가 하얗게 센 지금까지 평생을 휴일도 없이 일만 했다는 분들을 볼
때면, 존경스럽기도 하면서 한편으로는 안타까운 생각이 듭니다.
돈도 좀 모았으니 이제는 고운 옷도 사 입고, 맛있는 음식도 사 먹
고, 경치 좋은 관광지로 여행도 다니면서 여생을 즐기면 좋을 것 같

기 때문이죠. 자식들도 눈물을 글썽이면서 그동안 자식들을 위해 고생하셨으니 이제 그만 쉬시면 좋겠다고 말하죠. 그런데도 그분들은 지금 이대로도 행복하다고 하십니다. 자식들 배곯지 않게 키운 것만으로도, 모두 대학교까지 가르친 것만으로도 감사하다며 환한 웃음을 짓고는 이렇게 말씀하시죠.

"그래도 행복했다."

그분들의 말을 듣다 보면, 사람이 행복을 느끼는 지점이 참으로 다양하다는 생각을 하게 됩니다. 어떤 분은 돈을 모으는 재미에 힘든 줄도 모르고 일을 합니다. 저 역시 오랜 시간 통장에 저축하는 재미를 맛보면서 열심히 일해왔기에 깊이 공감합니다. 또 어떤 분은 일 자체에서 행복을 느끼기도 하고, 자신을 발전시키는 재미에서 행복을 느끼는 분도 계십니다.

그런데 제가 지금까지 살아오면서 느꼈던 가장 큰 행복은 따로 있습니다. 바로, 제 것을 나눌 때였습니다. 그 행복이 너무나 컸기에 부모님들께서도 자녀에게 나눔을 통해 얻게 되는 커다란 행복의 맛을 가르쳐주시기를 바라는 것입니다.

아이에게 무엇을
물려줄 것인가

○

부모님께서는 구제와 나눔에 굉장히 관심을 가지고 계셔서 제가 어릴 적부터 지금까지 선교 후원을 계속하고 계십니다. 저희 집 거실에는 커다란 세계지도가 붙어 있었습니다. 밑에는 각종 봉사단체나 선교단체의 이름과 함께 낯선 이름들이 빼곡하게 적혀 있었습니다. 아버지께서 적은 돈이나마 후원을하고 도움을 주는 선교사님들의 목록입니다.

고등학생 시절, 어느 날 아버지께서 저와 동생을 부르시더니 목록이 적힌 표를 가리키며 이렇게 말씀하셨습니다.

"내가 너희한테 물려줄 게 바로 이거란다. 내가 죽으면 너희들이물려받아야 한다."

다른 부모님들은 돈을 물려주는데, 구제하고 선교하는 목록을 물려주신다는 것이었습니다. 하지만 동생과 저는 별다른 충격 없이흔쾌히 고개를 끄덕였습니다. 그때부터 남을 돕고 나누는 것에 대한 가치를 더 키워갔던 것 같습니다.

고등학교 2학년 때 즈음으로 기억합니다. 가족수련회를 갔는데 아버지께서 앞으로 구제 활동을 어떻게 할지 논의해보자고 말씀하셨습니다. 아버지께서 하시던 사업이 조금씩 정체기에 들어섰기 때문입니다. 어머니께서는 살림을 꾸려나가는 입장인지라 지금 우리 형편을 고려할 때 후원 대상을 줄이는 게 좋을 것 같다고 얘기하셨던가 봅니다. 하지만 아버지는 힘들다고 후원을 줄인다는 결정이 선뜻 내키지 않아 가족수련회에서 저와 동생의 의견을 물어보고 결정하려고 하신 것입니다.

그때 저와 동생은 후원을 줄이는 것에 반대했습니다. 지금 우리 가족이 누리는 것은 우리가 가진 것을 나누고 있기 때문이라고, 그게 바로 복(福)의 통로라고 생각한다고 했죠. 평소에 아버지께서 아래로 흘려보내는 것은 위로 돌려준다는 말씀도 하셨고요. 저와 동생은 이구동성으로 선교와 구제를 늘리지는 못해도 줄이는 것은 재고하자고 의견을 냈습니다. 결국 부담은 되지만 후원을 계속 유지하기로 결정이 났습니다. 제가 생각하기에도 그날의 결정은 정말 현명했던 것 같습니다.

어릴 적부터 저희 집은 요즘 말로 '게스트하우스' 같은 역할을 종종 했습니다. 외국에서 오랜 시간 선교와 봉사 활동을 하다가 잠시 한국에 돌아온 분들이 머무를 데가 마땅찮은 경우가 많았는데, 그분들이 저희 집에 묵고 가시고는 했습니다. 이미 자기 소유의 집을 비롯해 한국에서 쌓았던 모든 것을 정리한 분들이었어요. 아무리 일가친척이라도 몇 주씩 머무르는 걸 반길 수만은 없었을 텐데 아버지께서 그분들을 집으로 초대해 편하게 머물다가 가시게 했던 것입니다.

어느 나라에서 선교하던 분이 집에 오셔서 언제까지 머물다 가실 예정이라는 아버지 말씀이 떨어지면 저희 형제는 손님방을 청소하느라 부지런히 몸을 움직였습니다. 마치 게스트하우스를 청소하는 주인처럼 혹시 냄새라도 날까 싶어 방향제까지 뿌리고 야단법석을 떨었죠. 그러면서 집을 방문한 선교사분들과 친밀한 관계를 맺었습니다. 정말 감사했던 게 그분들에게서 세계 여러 나라에 대한 생생한 이야기를 들으며 많은 생각을 할 수 있었다는 것입니다. 특히 우리나라보다 훨씬 더 어렵고 가난한 나라, 전기도 물도 없는 오지 마을에서 봉사를 하고 계셨기 때문에 눈물 없이는 들을 수 없는 가슴 아픈 이야기가 많았습니다.

그 간접 경험이 현재 내가 가진 것의 풍요로움에 대해 다시 한번 고마움을 느끼게 하는 계기가 됐습니다. 그래서 저와 동생은 대학에 입학해 아르바이트로 돈을 벌게 되면서 어릴 적부터 친분을 맺었던 선교사분들을 후원하기 시작했습니다. 돈 벌어서 좋은 옷 사고, 친구들과 술 마시고 놀러 다닐 생각 대신 만만찮은 후원금을 보

믿음 주는 부모 자존감 높은 아이

내고 계신 부모님의 부담감을 덜어드려야겠다는 생각으로 매달 얼마씩 보태기로 한 거죠. 아버지가 물려주시고자 하는 믿음과 구제의 유산을 미리 물려받기로 한 셈입니다. 결국 지금은 저와 동생이 거의 전액을 후원하고 있습니다.

지금도 저희 부모님은 1년에 서너 번은 해외에 나가 열악한 환경과 가난을 벗어나지 못하는 이들을 위해 봉사 활동을 하고 계십니다. 어릴 적부터 부모님의 이런 활동을 옆에서 지켜보면서 자연스럽게 형성된 생각이 있습니다.

"나도 우리 부모님처럼 살아야겠다."

자식에게 이런 말을 들을 때 부모의 기분은 어떨까요? 자식이 진심으로 자신을 존경하고, 자신이 살아왔던 삶을 따르고 싶다는 말을 들을 때의 느낌 말입니다. '힘들었지만 그래도 내가 잘 살았구나' 하고 너무나 가슴 뿌듯하지 않을까요?

"

아이가 돈도 많이 벌고 행복하기를 바란다면, 저는 정반대로 돈을
나누고 다른 사람의 행복을 위해 노력하는 모습을 부모가 보여
주어야 한다고 생각합니다.

"

나눗셈이 아니라
곱셈의 방정식
○

　　　　　　　누구나 한두 번은 불우이웃돕기를 해본 적이 있을 것입니다. 저도 어렸을 적 인상 깊었던 경험이 있습니다. 옆집 누나와 함께 놀다가 노숙자로 보이는 할아버지를 만난 적이 있습니다. 무척 추운 날이었는데, 담벼락에 쪼그리고 앉아 까맣게 때가 낀 손을 내밀고 있더군요. 그냥 갈까 하다가 바지 주머니에 1,000원이 들어 있다는 걸 기억하고는 돈을 꺼내 할아버지 손에 쥐여드렸습니다. 그랬더니 옆집 누나가 벌컥 화를 내는 것이었습니다.

"바보야, 거지한테 왜 돈을 주니? 네가 줘도 저거 진짜 물주가 다 가져가. 저 사람들이 갖는 게 아니라고."

저런 사람들한테 돈을 줘봤자 아무것도 달라지지 않는다며 헛돈만 쓰는 셈이라는 것이었습니다. 당시 1,000원은 지금의 1만 원쯤 되는 거금이었으니 아깝기도 아까웠겠죠. 집으로 돌아온 저는 아버지께 제가 정말 바보 같은 짓을 한 것인지 여쭤보았습니다. 그러자 아버지께서 제 머리를 쓰다듬으며 이렇게 말씀하셨습니다.

"너는 오늘 하나님 앞에서 선한 일을 했고 그것을 하나님께서 보셨단다. 저 사람이 그 돈을 어떻게 쓸지는 이제 그 사람의 몫이란다."

저는 그날의 아버지 말씀을 지금까지 새기고 살고 있습니다. 많은 이들이 내 것을 다른 사람에게 나누는 것을 마이너스 행동이라고 생각합니다. 그러고는 나누면 안 되는 여러 가지 이유를 붙입니다. 내 것이 눈앞에서 사라지는 모습만 보이니 어쩔 수 없기도 합니다. 하지만 저는 나눔이 플러스 행동이라고 생각합니다. 나눗셈이 아니라 곱셈의 방정식이라고 생각합니다. 나눔을 행하면 행복이 곱으로 늘어나기 때문입니다. 가진 것이 줄어들지 않느냐고요?

아닙니다. 당장은 줄어들지만, 반드시 더 큰 것들이 되돌아옵니다.

저희 어머니께서는 어렸을 적부터 제 걱정에 한숨짓는 일이 많으셨습니다. 어리숙하고 독한 구석도 없는 녀석이 자존감은 쓸데없이 높아 언제나 반쯤 흥분한 듯한 상태이니 말이지요. 자기 먹을 거 하나 관리하지 못할 것 같으니 나중에 어떻게 살지 모르겠다며 걱정이 크셨습니다. 목구멍에 풀칠도 못 할 거라고 저를 보며 걱정하시던 어머니 얼굴이 기억에 선명합니다. 그러나 지금 저는 제 한 입이 아니라 1,000여 명에 달하는 디쉐어 식구들의 생계를 책임지고,

2,000여 명의 아이들을 결연하여 함께 돕고 있습니다.

이렇게 만족하기에 나눠주는 것, 나눠 먹는 것에 욕심을 부립니다. 퍼주는 것에 아까워하지 않습니다. 디쉐어는 NGO 단체들을 통해 전 세계 37개국에 연간 6억 4,368만 원의 기부금으로 매월 1,899명의 아이들을 후원하고 있습니다. 기아대책을 통해 매월 953명의 국내외 아이들을 후원하며, 컴패션을 통하여 매월 187명, 월드비전을 통하여 매월 184명의 해외 아이들을 후원하고 있습니다. 또 Joy School을 통하여 매월 251명의 서남아시아 학생들에게 장학금을 후원합니다. 브링업인터내셔널을 통해서는 매월 133명의 필리핀 바세코 아이들을, 밀알복지재단을 통해 매월 109명의 국내 장애아동들을, COVA를 통해 매월 50명의 카메룬과 몽골 아이들을 후원합니다. 이 외에도 굿네이버스, 유니세프, 세이브더칠드런, 유엔난민기구 등을 통하여 매월 30여 명의 국내외 아이들을 후원하고 있습니다. 지금 제가 가진 것은 제 능력 이상의 것이기에, 욕심을 부려 손에 쥐려고만 하면 하나님이 모두 거두어 가실 거라 생각하기 때문입니다.

이 책을 읽는 당신도 다른 사람을 돕는 것은 늘리면 늘렸지 줄이면 안 된다는 '나눔과 복의 개념'을 아이가 어릴 때부터 확립시키길 바랍니다. 어릴 적 저희 아버지께서도 저와 동생에게 당신이 하시

7강_ 나눔의 행복을 유산으로 물려주라

는 구제 활동에 동참하길 권유하셨습니다.

"너희가 받는 용돈에서 얼마나 동참할래?"

그래서 용돈 1,000원을 받으면 100원을 다시 아버지께 드렸습니다. 어릴 적부터 나누는 훈련을 했기에 자라서 나눔에 익숙할 수 있었던 것입니다. 나눔은 생활 형편과 액수의 문제가 아니라 습관의 문제입니다. 그리고 그 습관이 행복으로 향하는 문을 엽니다.

진짜 행복은
버는 만큼 나누는 데서 온다
○

저희 회사는 수강생 10명당 1명의 아동을 결연하여 월드비전, 기아대책, 컴패션 등 NGO 단체를 통하여 후원하고 있습니다. 정확히 파악해본 적은 없지만 이런 식으로 기부하는 회사는 대한민국에 거의 없을 것입니다.

저는 지난 2018년 한 해 동안 인천공항을 아홉 번 이용했습니다. 그중 네 번이 봉사 활동을 위해서 해외에 나간 것이었습니다. 2019년도부터는 매년 해외에 학교를 지으며 더 많은 아이들에게 배움의 기회를 주는 나눔을 하려고 합니다. 회사의 직원들을 위해서도 최선을 다하려 노력하고 있습니다. 힘들 때도 있었지만 단 한 번도 급여를 밀린 적이 없고, 여러 가지 복지 제도들을 통하여 함께 나누는 기쁨을 누리려고 합니다.

제가 사업을 하는 목적은 돈을 많이 벌어서 펑펑 쓰고, 남들보다 많이 가졌다는 만족감을 느끼고, 못 가진 사람들이 나를 우러러보게 만들어 우월감을 느끼고 싶어서가 아닙니다. 이른 아침부터 밤 늦게까지 열심히 사업을 하며 돈을 버는 목적은, 열심히 일하는 재미를 느끼고 버는 만큼 다시 돌려주는 재미를 느끼고 싶어서입니다. 돈을 벌고 모으는 재미에 나누는 재미가 더해져야 진짜 행복을 느낄 수 있기 때문입니다. 진짜 행복은 내가 버는 만큼 나누는 데서 흘러나오는 것입니다. 또한 나눔은 우리 자신이 축복받기 위해서이기도 하지만, 우리가 이 사회에서 존재할 이유를 찾기 위해서이기도 합니다.

저는 오늘도 행복수첩을 몰래 꺼내 작성합니다. 수강생 10명당 1명의 아동을 결연하여 후원한 것을 수첩에 꼼꼼히 적어 넣습니다. 후원하는 전 세계의 어린이가 매번 늘어나는데 수첩에 적으면서 배가 부른 듯 웃습니다. 그렇게 오늘 하루 내가 다른 사람에게 행한 선한 일을 기록합니다. 의도치 않게 제가 다른 사람에게 행했을지

7강_나눔의 행복을 유산으로 물려주라

도 모르는 나쁜 일을 상각하기 위해 선한 일을 최대한 많이 하려고 노력합니다. '오른손이 한 일을 왼손이 모르게 하라'라는 말처럼 보이지 않는 곳에서 선한 일을 꾸준히 해나가고자 합니다.

돈을 아끼고 저축하면 부자가 됩니다. 그러나 돈을 아끼고 저축함과 동시에 나누면 진짜 행복한 부자가 됩니다.

아이에게 용돈기입장을 선물해 경제 교육을 하고, 행복수첩을 선물해 행복 교육을 해야 합니다. 아이가 행한 선한 일을 기록하게 해야 합니다. 그럼으로써 미래의 어느 날 가질 수 있는 행복이 아니라, 지금 이 순간의 행복을 느끼게 해줘야 합니다. 저는 그것이야말로 부모가 아이에게 줄 수 있는 진정한 사랑이라고 믿습니다.

나눌 줄 아는 아이로 키우기

☑ 나눔은 곱셈의 방정식이다

나눔은 마이너스가 아니라 플러스 행동이다.
당장은 가진 것이 줄어드는 것 같지만,
반드시 더 큰 것들이 되돌아온다.

☑ 어려서부터 나눔의 가치 알게 하기

부모가 먼저 돈을 나누고 다른 사람의
행복을 위해 노력하는 모습을 보여준다.
나눔과 봉사의 가치는 어른이 되어서는 쉽게 실행할 수 없다.

☑ 행복수첩 선물하기

아이가 자신이 행한 선한 일을
기록할 수 있도록 행복수첩을 선물한다.
아이는 행복수첩을 적어가며 현재의 행복을 느끼게 된다.

나눔의 습관은 행복을
향해 열리는 문입니다.

믿음 주는 부모
자존감 높은 아이

부모가 믿고 지지해주면 아이는 절대 포기하지 않습니다

오랜 시간 아이들을 가르치면서 어른들의 눈에는 한없이 부족해 보여도 아이들 모두 자기만의 가치를 가지고 있음을 알게 됐습니다. 그래서 작지만 아름다운 불꽃을 지켜주고 싶어 조바심이 납니다. 나아가 아이들 가슴 깊이 숨어 있는 가능성을 찾아내, 화려하게 타올라 주위를 밝히는 모습을 보면 얼마나 멋질까 상상도 해봅니다.

그러기 위해서는 아이를 지탱해줄 사람이 필요합니다. 나비가 되기까지 튼튼한 고치 속에서 제 몸을 보호하는 애벌레처럼 우리 아이들에게도 보호받을 곳이 필요합니다. 영혼의

안식처가 필요합니다. 아이들은 아직 다 자란 게 아니기에 미숙한 게 당연하고 실수를 할 수밖에 없습니다. 열심히 하느라고 하지만 결과가 안 좋을 때도 있습니다. 이때 아이들을 다그치는 게 아니라, 품에 끌어안고 위로해주고 지지해줄 존재가 필요합니다. 바로 부모님이 필요합니다.

부모가 자기를 믿고 지지해주면 아이는 절대 포기하지 않습니다. 쉽게 무너지지도 않습니다. 상처를 받아도 치유해줄 따뜻한 품이 있다는 걸 알기에 다시 일어설 수 있습니다.

하지만 아이에게 가장 큰 상처를 주는 존재 또한 부모님입니다. 성적이 오르지 않는다고, 하라는 대로 하지 않는다고 모진 말로 아이를 다그치고 상처 내는 부모님이 많습니다. 부모님들과 이야기를 나누다 보면 깜짝 놀라는 게, 아이를 원망하고 탓하는 부모님이 너무나 많다는 것입니다. 자기 기대대로 자라주지 않는 아이에게 분노를 느끼는 부모, 자신의 모든 것을 희생해가며 키웠는데 배신했다며 울분을 터뜨리는 부모들을 보면 앞이 까마득합니다.

결국 아이들은 너무나 차갑고 무서워 도망을 칩니다. 세상에서 가장 따스해야 할 부모의 품인데도 말이죠. 믿고 기대했던 부모의 차가운 시선에서 도망쳐 엇나가기 시작합니다. 공부할 시간에 술과 담배를 하고, 비행을 저지르다 못해 범죄의 유혹에 물들기도 합니다. 현재 우리나라의 청소년 범죄율과 가출률을 보면 너무나 안타까워 한숨만 나옵니다.

이렇게 어긋난 부모와 자식 간의 관계를 어떻게 회복시켜야 할까요? 세상 누구보다 서로 위하고 사랑해야 할 관계인데, 어떻게 해야 관계를 복원시킬 수 있을까요? 잘잘못을 따지기 전에, 애초부터 상처 주고 상처받아 불행에 빠지는 부모와 자식의 관계가 되어서는 안 되는 것 아닌가요?

방법은 하나밖에 없습니다. 부모님이 먼저 마음을 열어야 합니다. 부모에게는 밉든 곱든 자녀를 보호할 의무가 있습니다. 아이가 상처받지 않게 하고, 상처를 받았으면 품에 안아 치유할 의무가 있습니다. 아이와의 싸움은 누가 이기고 누가 지는 싸움이 아닙니다. 오히려 지는 게 이기는 싸움입니다.

아이의 행복을 바란다면, 부모가 져주어야 합니다. 먼저 팔을 벌려 안아주어야 합니다. 먼저 말을 걸고, 웃어주고, 대화를 나누어야 합니다. 다그치기 전에 사랑한다고 말하고 칭찬해주어야 합니다. 그럴 때만이 아이는 변화할 수 있습니다. 자신감을 가지고 자기 인생을 살아갈 수 있습니다. 부모님이 그렇게 기대하던 멋진 결과물을 만들어낼 수 있습니다.

마지막으로 부탁드립니다. 세상 그 무엇보다 소중한 우리의 아이에게 사랑한다고 말해줍시다. 하루에 한 번이 아니라 눈이 마주칠 때마다 사랑한다고 말하며 안아줍시다. 그러면 머지않은 어느 날, 당신은 기적을 보게 될 것입니다. 기적은 이렇게 작은 곳에서 시작됩니다.

믿음 주는 부모
자존감 높은 아이

초판 1쇄 발행 | 2019년 8월 28일
초판 9쇄 발행 | 2024년 9월 25일

지은이　　　| 현승원
펴낸이　　　| 전준석
펴낸곳　　　| 시크릿하우스
주소　　　　| 서울특별시 마포구 독막로3길 51, 402호
대표전화　　| 02-6339-0117
팩스　　　　| 02-304-9122
이메일　　　| secret@jstone.biz
블로그　　　| blog.naver.com/jstone2018
페이스북　　| @secrethouse2018
인스타그램　| @secrethouse2018
출판등록　　| 2018년 10월 1일 제2019-000001호

ISBN 979-11-965089-9-9 03590

• 이 도서의 국립중앙도서관 출판예정도서목록(CIP)은 서지정보유통지원시스템 홈페이지
  (http://seoji.nl.go.kr)와 국가자료종합목록시스템(http://www.nl.go.kr/kolisnet)에서 이용하
  실 수 있습니다. (CIP제어번호 : CIP2019026766)